知识生产的原创基地
BASE FOR ORIGINAL CREATIVE CONTENT

颉腾商业
JIE TENG BUSINESS

THE
10X RULE
THE ONLY DIFFERENCE BETWEEN SUCCESS AND FAILURE

10倍法则
思考与行动

[美] 格兰特·卡登（Grant Cardone） —— 著
林琳 ———— 译

西苑出版社
XIYUAN PUBLISHING HOUSE
·北京·

图书在版编目（CIP）数据

10 倍法则：思考与行动 /（美）格兰特·卡登著；林琳译.
-- 北京：西苑出版社，2023.2
ISBN 978-7-5151-0873-5

Ⅰ. ①1… Ⅱ. ①格… ②林… Ⅲ. ①成功心理 – 通俗读物　Ⅳ. ① B848.4-49

中国国家版本馆 CIP 数据核字（2023）第 014285 号

Title: The 10X Rule: The Only Difference Between Success and Failure, by Grant Cardone
Copyright © 2011 by Grant Cardone. All rights reserved.

This translation published under license. Authorized translation from the English language edition, published by John Wiley & Sons. No part of this book may be reproduced in any form without the written permission of the original copyrights holder.

北京市版权局著作权合同登记号　图字：01-2023-0631 号

10 倍法则：思考与行动
10 BEI FAZE : SIKAO YU XINGDONG

策　　划：	颉腾文化
责任编辑：	樊　颖
责任印制：	陈爱华
出版发行：	西苑出版社
地　　址：	北京市朝阳区和平街 11 区 37 号楼　　邮政编码：100013
电　　话：	010-88636419
印　　刷：	涿州市京南印刷厂
开　　本：	650 mm×910 mm　1/16
字　　数：	143 千字
印　　张：	13.25
版　　次：	2023 年 3 月第 1 版
印　　次：	2023 年 3 月第 1 次印刷
书　　号：	ISBN 978-7-5151-0873-5
定　　价：	59.00 元

（图书如有缺漏页、错页、残破等质量问题，请与出版社联系）

"任何建议我少做一点的人,
要么不是真正的朋友,要么自己还迷茫着呢!"

——［美］格兰特·卡登

| 行业赞誉 |

喜欢这本书。10倍法则完全正确！它大胆地解决了那个大多数人都会忽略的，然后纳闷为什么他们没有达到目标的最大问题，那就是工作！

——拉里·温格特（Larry Winget），《纽约时报》畅销书《孩子有问题，都是你的错》和《白痴因素》作者

格兰特·卡登是一位大师，他告诉人们为了获得他们渴望的成功，他们必须做什么。这本书对读者来说就像一枚"秘密"武器！

——巴里·波兹尼克（Barry Poznick），《你是怎么变得这么富有的》《你比五年级学生聪明吗》作者

如果你不认为在生活中设定目标很重要，那就不要浪费时间去读10倍法则。如果你想这样做……格兰特的新书为这一课题树立了新的标杆。把这本书送给你的朋友或同事，他们的生活将会发生巨大的变化。

——比尔·詹金斯（Bill Jenkins），川崎摩托公司全美销售总监

在本书中，企业家格兰特·卡登向我们展示了拥有不同背景、履历或个人关系的人获得成功的方法。在他看来，成功源于比别人努力10倍的工作，以及展现出一种"主导心态"。这是一本如何获得成功所必需的勇气、胆识和不屈不挠动力的指南。

——加里·斯特恩 (Gary Stern)，《华尔街日报》和《投资者商业日报》记者

格兰特·卡登用10倍法则一针见血地告诉我们在生活的任何领域取得巨大成功的真正原因！

——博恩·崔西（Brian Tracy），畅销书作家

| 译者序 |

10倍法则是渴望成功的人士梦寐以求的宝典,是助力所有金字塔尖的成功人士大展宏图的重要法则。10倍法则是原理与规律,而不是说教,也无关乎天赋、才能或运气。它不需要某种特殊的人格特质,只要你愿意,它都能为你所用,让你得偿所愿。10倍法则所倡导的成功,不是昙花一现,而是永恒的、持续不断的成功。本书的主要内容是关于如何创造非凡成就,如何确保获得成就,如何保持成就,而后不辞辛劳地再创新高。

10倍法则的重点就在于:你必须设置相当于自己预期10倍的目标,然后付出你认为完成目标所需10倍的努力。大量思考必须伴随着大量行动。简而言之,10倍法则就是10倍于他人的思考和10倍于他人的行动。

10倍法则深入浅出地揭开了成功的本质及其要素的神秘面纱。想要持续不断地获得成功,关键要认识到以下三点:成功很重要,成功是你的责任,成功永远不是稀缺品。成功并非可有可无,它对个人、家庭和群体的福祉以及对未来的生存都至关重要:它提供了信心、安全感、舒适感、更出色的贡献能力,以及为他人带来希望和引领。没有持续的成长和成功，一切将不复存在。我们必须像称职的父母对孩子尽责一样去对待成功，将其作为自己的责任、义务和职责。坚定不移地将成功作为自己的道德责任。世上从来都不缺少伟大的创意、新兴的技术、创新的产品和解决沉疴的新方法。成功永远不是稀缺品。成功的创造可以发生在世界上每一个角落——在任何时间，以不同的水平，由千千万万拥有无限潜能的人创造出来。成功不取决于资源、供给或空间。我们必须摆脱成功可能会受限的这种观念，摆脱成功很稀缺的谬误。一个人如果限制了自己成功的可能，就会限制自己创造成功和保持成功的努力。若要取得成功，就要以强烈的责任感去把握控制权，掌控局面，占据主导。成功并非偶然，它是你一切所作所为的直接结果。10倍法则的背后是纯粹的主导心态。必须愿意做他人没做过的事，甚至是采取一些你可能认为"不合常理"的行动，成为他人思想和行动的榜样，进而成为行业的主导。

本书为我们看待竞争、痴迷、承诺、孤注一掷、恐惧、批评和客户满意度等提供了崭新的视角。竞争是胆小鬼的游戏。与他人竞争会限制一个人的思维与创造力。永远不要把竞争当作你的目标，相反，应该竭尽所能地在行业内占据主导地位，以避免亦步亦趋地跟在别人后面走，这样只是在白白浪费时间。不要让竞争者来设定节奏，而是把设定节奏的主动权攥在自己手里。保持领先，让别人将你视作追逐和效仿的对象。做他们不愿做的事，去他们不愿去的地方，采取他们无法理解的10倍思考和行动，把同行竞争者远远甩在身后。痴迷不是病，而是一种天赋，它是你达成所愿的必要条件。伟大源于痴迷。要对成功怀有足够的激情，让全世界都知道你不会妥协、放弃，会以坚定不移的信念百分之百地投入，并将坚持不懈地推进你的项目，你才会得到必要的关注和想要的支持。大多数人的努力只是点到为止，做的都是表面功夫，而最杰出的成功人士总是以痴迷的态度去关注自己的每一个行动，直至确保自己能获得回报。先学会承诺，然后再想办法兑现承诺。大多数时候社会都不鼓励孤注一掷的心态，而是教导我们要谨慎行事，不要把鸡蛋都放在同一个篮子里；社会鼓励我们要节约，避免损失，而不是去追求丰厚的回报。然而，在生活中，你永远不会花光行动的筹码，也不会因为全身心投入而耗尽所有的精力和努力。因此，10倍法则鼓励人们在每一个行动中都"孤注一掷"，并全身心投入，把握每一个机会。恐惧是积极的信号，标志着你正采取必要措施，朝着正确的方向前进。拖延滋生恐惧，立即采取行动，才能让恐惧无所遁形。学会寻找并利用恐惧，用它来激励自己行动，勇攀新高。批评是成功的标志：受到批评是一个明确的信号，表明你正一路向前。不要将批评看作唯恐避之不及的事情，相反，一旦你想要大展拳脚，就要做好迎接批评的心理准备。批评是仰慕与钦佩的先导部队，并且无论你喜欢与否，它总是伴随着成功而来。仅仅追求让客户满意是不明智的——要让客户满意，首先要做的就是争取到客户。争取客户是首要目标，其次是客户忠诚度，然后是客户口碑。这个方法能够让公司在产品开发和提升方面持续投入，改善流程，加强推广，最终做到真正让客户满意。

在本书中，作者结合自身的经历，深刻展示了成败之间的差别就在于能否采取正确的行动方式，并提出了一系列制胜的行动秘诀，其中包括抱有"能做到"的态度、相信"我会想办法解决的"、抓住机会、热爱挑战、寻求并解决问题、坚持直至成功、甘冒风险、不按常理、以身犯险、创造财富、欣然采取行动、总是给予肯定的回应、养成全身心投入的习惯、坚持到底、聚焦"当下"、展现勇敢、接纳改变、确定并采取正确的方法、打破传统观念、以目标为导向、保持使命感、保有强烈的动机、关注结果、怀抱远大的目标和梦想、创造属于自己的现实、先做出承诺再想办法、恪守道德、关心周围的群体、终身学习、给自己找罪受、人际关系中的"向上管理"、严守纪律等。相信这些实用的技巧以及深入浅出的阐释能帮助你更好地在工作和生活中将10倍法则付诸实践，从而不断获得成功。

每个人都渴望成功，然而，也有很多人却在追求成功的道路上无功而返。本书提出的10倍法则为渴望成功的人士点亮了一盏指路明灯，帮助读者突破思维定式，不断取得成功。10倍法则的成功，并非昙花一现的成就，而是持续不断的、全方位的成功。从本书中，你将学会如何运用10倍法则进行思考和行动，从正确设定目标，到准确估计所需付出的努力，再到以正确的心态和积极的行动实现目标，直至最终将10倍法则内化为一种纪律，实现持续的成功。10倍法则不是说教，也无关天赋、性格、才能或运气，只要你愿意以积极的心态采取大量行动，它就能为你所用，帮助你在任何行业、任何领域、任何地点、任何时间达成所愿。

感谢北京颉腾文化慧眼识珠，引入这本好书。感谢本书的读者，你们的研读与实践将让本书的价值和影响变得更为深远。感谢在本书的翻译过程中给予帮助和支持的各位前辈、同事、家人和朋友。希望这本书能够真正帮助大家勇敢逐梦，达成所愿。不足之处，敬请指正！

林琳
2022 年夏

| 前　言 |

翻开这本书,你或许会有些纳闷,这个10倍法则到底是什么?它对我有何帮助?

10倍法则是那些渴望成功的人士梦寐以求的宝典。说真的,如果有什么终极秘诀,那就是它了! 10倍法则会帮助你采取适量的行动和思考,既保证了成功,又确保你在整个职业生涯和人生中能够将这样的行动与思考一以贯之。10倍法则甚至会消除恐惧,增强勇气与信心,根除拖延症和不安全感,并为你指明方向,令你的生活、梦想和目标焕然一新。

10倍法则是助力所有身处金字塔尖的成功人士大展宏图的重要法则。无论你如何定义成功,不管你有何梦想或身处什么样的职场中,都能从本书中学到该如何把握成功。首先要做的事,就是调整到10倍思考和10倍行动的轨道上。我将向你展示10倍思考和行动怎么让生活变得更轻松、更有趣,帮你省下更多时间。我一辈子都在研究成功学,这让我相信10倍法则是所有成功人士为了创造理想生活都要了解并使用的一大要义。

10 倍法则将向你展示如何正确定义目标，准确估计所需付出的努力，了解如何以正确的心态来处理项目，然后精准地确定应当采取多少行动。你将会看到为什么按照 10 倍法则的参数操作就能胜券在握，最终也能够理解为什么大多数人总是与成功失之交臂。你将恍然大悟，发现有些人在设定目标的时候就出了错，妄想凭借一己之力实现目标，最终却铩羽而归。你还将学习到如何精确地计算完成任何大大小小的目标需要付出多少努力。最后，我将向你展示如何将 10 倍行动变成一种习惯和纪律。相信我，一旦你这样做了，不仅会胜券在握，实际上，你还会被这种习惯推动，并最终实现势不可当的全面胜利，赢得一系列成功果实。

10 倍法则是一个原理，而不是说教，也无关乎天赋、才能或运气。它不需要某种特殊的人格特质；只要你愿意，它都能为你所用。10 倍法则无须付出任何代价，却能让你得偿所愿。它是个人和组织在着手设定和实现目标时都应采取的方式。接下来我将向你展示如何让 10 倍法则成为一种生活方式和处理事情的不二法门。它会让你在同伴和所处行业中脱颖而出，指导你的行动和成功。人们会将你视为榜样——不仅是职业榜样，还是生活美满的榜样。

10 倍法则深入浅出地揭开了成功的本质及其要素的神秘面纱。对我而言，最大的失误是没有将个人和职业方面的目标设定得足够高。拥有一个美满的婚姻和拥有普通的婚姻所需要付出的精力是一样多的，就像赚 1000 万美元和赚 1 万美元所需要付出的精力和努力也是一样多的。这听起来像天方夜谭吗？并不是——当你开始以 10 倍的努力行事时，就会明白这一点了。你的目标会改变，你采取的行动终将逐渐开始与你的真正身份和能力相匹配。你会开始行动，接着再接再厉，采取更多行动，并将实现一开始的目标——不管面临什么样的条件和情况。我人生中取得的种种成功背后有一个最重要的原因，就是遵照10倍法则行事。

这些关于目标设定、目标达成和采取行动的概念不是在学校、管理课、领导力培训班或酒店的周末会议上就能学到的，也没有什么公式——至少我在任何书中都找不到——能够正确估算需要付出多少努力。在与首席执行官或企业负责人们交谈时，他们都会告诉你，当今时代所缺乏的，正是足够多的积极性、职业道德和跟进行动。

无论你的目标是改善全球社会状况，还是建立世界上最赚钱的公司，都需要通过10倍的思考和行动来实现。这无关乎教育、天赋、人脉、个性、幸运、金钱、技术，或是人对行，甚至是天时地利。在每一个功成名就的案例中——无论是慈善家、企业家、政治家、变革者、运动员，还是电影制片人——我保证他们从开始追梦直至最终收获成功的过程中都用到了10倍法则。

成功的另一个要素，就是准确地估计你和团队为实现目标需要付出多少努力。通过付出必要程度的努力，将保证你实现这些目标。每个人都知道制定目标有多重要。然而，大多数人在这一点上都存在误区，因为他们低估了实现这一目标需要付诸多少行动。设定正确的目标，估计所需的努力，采取适量的行动是确保自己能稳操胜券的唯一法宝。这将让你在一步步追寻梦想的同时，克服商业上的老套路、竞争、来自客户的阻力、经济挑战、避险心理，甚至是对失败的恐惧。

无论你的天赋资质、教育程度、财务状况、组织能力、时间管理、所处行业或运气如何，10倍法则都将让你稳操胜券。将这本书作为你人生和梦想的指路明灯，你将突破思维定式，提升处事水平，脱胎换骨，展翅高飞！

目 录

第 1 章　什么是 10 倍法则　　　　　　　　001

第 2 章　10 倍法则为何至关重要　　　　　012

第 3 章　成功是什么　　　　　　　　　　　019

第 4 章　成功是你的责任　　　　　　　　　023

第 5 章　成功不是稀缺品　　　　　　　　　030

第 6 章　把握一切控制权　　　　　　　　　036

第 7 章　四级行动　　　　　　　　　　　　043

第 8 章　平庸是错误之策　　　　　　　　　056

第 9 章　10 倍目标　　　　　　　　　　　　063

第 10 章　竞争是胆小鬼的游戏　　　　　　071

第 11 章　突破中产阶级思维　　　　　　　079

第 12 章　痴迷不是病，而是一种天赋　　　086

第 13 章　孤注一掷与超额承诺　　　　　　092

第 14 章　开疆拓土，绝不退缩　　　　　　099

第 15 章	星星之火，可以燎原	104
第 16 章	恐惧是有益的信号	109
第 17 章	时间管理的谬误	115
第 18 章	批评是成功的标志	123
第 19 章	追求客户满意度是错误的目标	128
第 20 章	无所不在	139
第 21 章	借口	148
第 22 章	成败之间	152
第 23 章	从 10 倍行动开始	178

关于作者　　　　　　　　　　　　　195

第1章
什么是10倍法则

10倍法则能保证你超乎预期地达成所愿。它适用于生活的方方面面，囊括了精神、身体、情感、家庭和财务等领域。运用10倍法则有一个前提，那就是要明白完成一件事情需要多少努力和思考。如果回顾过去的生活，你也许会发现自己严重低估了成功完成任何任务所需的行动与思考。尽管我自己在10倍法则的第一部分，即评估达成某个目标所需的努力程度方面成绩斐然，但在第二部分却乏善可陈——无法调整思维、大胆逐梦。在本书中，我将详细探讨这两方面的内容。

近30年来，我一直在从事成功学的研究。我发现，尽管大家在树立目标、严于律己、坚持不懈、心无旁骛、时间管理、知人善用、建立人脉等方面达成了广泛共识，但有一点我还是没搞清楚：成功的关键究竟是什么？在研讨会和访谈中，人们数百次向我抛出同一个问题："确保一个人创造非凡成就的那种**素质、行动、思维模式**究竟是什么？"这个问题一直深深地困扰着我，督促我去探究在自己的人生中，是否真的存在什么东西对成功而言是至关重要的："成功的关键到底在于我做了什么呢？"我并非天赋异禀，也绝非运气爆棚。既没有"高人"提携，也没有贵族学校的求学经历。那么，是什么造就了我的成功呢？

回顾过去，在我取得的每一次成功背后，有一点始终如一，那就是我总是付出相当于别人10倍的努力。每一次推销展示、每一通电话、每一次预约，我总是付出相当于别人10倍的努力。初涉房地产投资行业时，我查看了购买力之内10倍数量的房产，然后主动出价，确保能以期望的价格买到我想要的房产。通过大量行动，接洽所有的企业客户，这就是在我取得的所有成功背后最重大的决定性因素。我在没有任何商业计划的情况下创立了自己的首家公司，当时的我还是一个籍籍无名的新人。没有任何相关知识和经验，也没有人脉，唯一的资金来源就是销售收入。然而，我逐渐经营起了一门稳定且蒸蒸日上的生意，这完全得益于我付出了远超他人预期的时间和精力。最终，我不仅扬名立万，还彻底改变了一个产业。

在这里必须澄清的一点是，我不认为自己创造出了什么非凡的成就，也不认为自己已经挖掘出了全部的自我潜能。我完全清楚，自己的成功与他人相比不过尔尔——至少在财务上如此。尽管我不是沃伦·巴菲特（Warren Buffett）、史蒂夫·乔布斯（Steve Jobs），也不是脸书（Facebook）或谷歌（Google）的创始人，但我白手起家创办了多个公司，过上了还算舒适惬意的生活。之所以在财务上没有实现非凡的成就，是因为我违反了10倍法则的第二部分，即10倍思考。没能用正确的思维模式经营自己的生活，这是我唯一的遗憾。实际上，我应该从一开始就设定相当于自己预期10倍的目标。不过，我现在也和你一样，一直在努力改进，毕竟我还有几年的时间来纠正这个问题。

在本书中，我反复提到创造"非凡"的成功这一概念。"非凡"的定义是超过多数普通人能够达到且实际达到的水平。当然，对于"非凡"的定义还取决于你与谁或什么级别的成功相比较。"我不需要非凡的成功""成功并非一切""快乐至上"……此刻的你可能在私下里嘟嚷着诸如此类的话，但在抱怨之前，请明白一点：要推动手头的任何任务取得新进展，就必须以与之前不同的方式进行思考和行动。如果没有更宏伟的思想格局、更快的加速度和更强劲的动力，就无法推进项目进入新的阶段。思考和行动决定了你为何处在当下这种状态。因此，对这二者持怀疑态度是合情合理的！

譬如，你有一份工作却囊空如洗，想要每个月增加1000美元收入。又或许你现在有2万美元存款，想攒到100万美元。抑或是你的公司年销售收入100万美元，想要突破1亿美元的大关。又或者你需要找份工作、减重40磅或找到合适的伴侣。尽管这些场景涵盖了生活中的不同领域，但有一点是共通的：渴望得到这些的人们都还没有实现他们的愿望。每一个目标都有其价值，而每个目标的达成，都需要不同的构思与相应的行动。如果他们超越了你认为的普通水平，那都可以被定义为"非凡"。尽管同他人追求的目标相比，它可能并没那么"非凡"，但是你设定的目标应该总能推动你提升或朝着未竟的目标前进。

其他人可能会对你的成功各持己见，但只有你才能决定自己的成功是否非凡。只有你知道自己的真正潜力，知道自己是否充分发挥了潜力，其他人并不能判断你的成功。请记住：成功是**达到某种期望目的或结果的程度或判定**。一旦你达到了这个期望的目的，接下来的问题就变成了你是否能维持、强化和重复自己的行动，以维持这个结果不变。虽然成功可以用于描述一个圆满完成的壮举，但人们通常不会借助自己过往的行为来研究成功。他们会一心想着达成目标，冲着目标全力以赴。**成功很有意思，它就像呼吸一样，你的前一次呼吸固然很重要，但它远不如下一次呼吸来得重要。**

无论你多么功成名就，都渴望在未来再创辉煌。如果停止追逐成功,那无异于试图靠前一次呼吸来度过余生。世事变迁,没有什么是一成不变的——要想立于不败之地,就需要时刻防范和及时行动。正如,婚姻就不是靠新婚宴尔的爱意来维持的。

那些在职业和个人生活中都成绩斐然的人,即使在功成名就之后,依然毫不松懈、孜孜以求、勇攀高峰。世人啧啧称奇,但也不解,提出了这样的疑惑:"这些人为什么一直都没有停下脚步呢?"答案很简单:成绩斐然的人知道,为了摘取新的胜利果实,必须持之以恒地付诸努力,丝毫不能松懈。一旦放弃了对理想目的或目标的追求,成功的循环就戛然而止了。

最近有人对我说:"你显然已经赚够了钱,过上了舒适的生活,为什么还不停下脚步呢?"原因很简单——我痴迷于下一个成就。人生在世,我既不想白走一遭,也不想籍籍无名地黯然退场。若是一无所成,我的心情便会跌入谷底;若是试图充分发挥自己的潜力和能力,我便会收获无上的快乐。对目前的处境感到失望或不满意,并不意味着我有什么问题,而恰恰说明了我在某一点上是对的。我相信,为自己、家人、公司和我的未来创造成功是义不容辞的。渴望在成功路上再创新高,本就无可厚非。我该为昨天对孩子和妻子付出的爱倍感幸福,还是该从当下开始继续迸发并向家人倾注更多的爱呢?

实际上,大多数人并不拥有任何自己所定义的那种成功,许多人在生活中,至少在某个领域里,都想要"更上一层楼"。事实上,你就是本书的读者——那些不满足于现状、渴望更上一层楼的人。的确,谁不想更上一层楼:拥有更好的关系、更多与自己所爱的人相处的宝贵时光、更重要的经历、更好的体魄与健康、更多的精力,以及更多的精神知识与能力,为社会福祉贡献自己的一份力量。这一切愿望的共通之处就在于对进步的渴望，而这正是无数人衡量成功与否的一种品质。

不管你想做什么或达到什么样的状态——无论是减重10磅，写一本书，还是成为亿万富翁——达到这些目标的渴望都是其中非常重要的一个因素。这里的每一个目标对你未来的生存都至关重要，因为它们表明了你的潜力所在。不管奋斗的目标是什么，你都要转变思维，矢志不渝地采取10倍的行动，并以更积极的行动力持续推进。人们在职业生涯和生活的其他方面所面临的各种问题，比如节食失败、婚姻或财务问题，都归咎于做得还不够多。

所以在你千千万万次对自己说"只要有……，我就开心了""不求大富大贵，舒舒服服就行了"或是"我只想拥有刚刚好的快乐就够了"之前，必须明白关键的一点：对自己渴望多少成功加以限制，本身就违背了10倍法则。**当人们开始对自己渴望多少成功加以限制的时候，我保证，他们也会限制自己实现成功所需的努力，从而导致无法付诸足够的努力。**

10倍法则的重点就在于：你必须设置相当于自己预期10倍的目标，然后付出你认为完成目标所需10倍的努力。大量思考必须伴随着大量行动。10倍法则并不高深莫测。它是如此的简单明了：**10倍于他人的思考和10倍于他人的行动**。10倍法则是一种纯粹的主导心态。它让我们不要人云亦云、随波逐流。你必须愿意做他人没做过的事，甚至是采取一些你可能认为"不合常理"的行动。这种主导心态不是要你去控制他人；恰恰相反，是要成为他人思想和行动的榜样。你的心态和行动应当成为人们得以衡量自身的标尺。10倍法则的践行者从不会仅仅以实现某个目标为靶向来对待这个目标，相反，他们寻求的是主导整个行业，并为此采取一些不合常理的行动。如果在开始任何一项任务时都想限制其潜在的可能性，那就会限制完成这个目标所必需的行动。

以下是人们在着手实现目标时所犯的一系列基础性错误：

1. 设定的目标太低，造成**目标设定错误**，并且缺乏正当动机。
2. **严重低估**为了实现目标需要在行动、资源、金钱和精力方面的投入。
3. **花费太多时间在竞争上**，而没有付出足够多的时间去主导整个行业。
4. **低估**为了真正达到期望的目标**需要克服多少困难**。

美国现在面临的房屋止赎（foreclosure）问题就是一系列活生生的失误案例。那些深陷房屋止赎泥潭的受害者设定了错误的目标，低估了自己要采取多少行动，过分专注于竞争角逐，而非开创一种令他们在意外挫折面前无往而不胜的局面。在房地产的繁荣时期，人们的行为处事受制于从众心理，而从众心理是建立在竞争而非主导的基础之上的。在这种心态下，人们思考的角度是"我必须效仿同事、邻居、家人们正在做的事"，而不是"我必须做对**自己**最有益的事"。

与许多人声称（或愿意相信）的观点背道而驰的事实是，每个经历房地产崩盘和止赎噩梦的人都没能正确地设定自己的生存目标。大量房屋在止赎后被法拍，随后对全国房产价格造成了冲击。当房地产市场崩盘时，又产生了全盘的负面影响，甚至影响到了那些并没有涉足房地产的人。失业率先是陡然翻番，而后又呈三倍于之前。结果产业瘫痪、公司倒闭，退休金账户惨遭血洗。即使是经验最老到的投资者也无法准确判断抵御这场风暴需要多少资金。如果你愿意的话，也可以责怪银行、美联储、抵押贷款经纪人，甚至抱怨时运不济、苍天无眼，但现实情况是，每个人（包括我自己！）以及无数银行、公司，甚至整个行业，都没能准确地评估形势。

当人们没有设定10倍的目标，因而无法付诸10倍的行动时，他们就容易受到"快速致富"现象和市场计划外变化的影响。如果你专注于自己的行动——瞄准在行业中占据主导这个目标，可能就不会被这些诱惑所引诱。我知道这一点，是因为我有切身体会。我自己也曾陷入这种窘境，因为没有正确地设定10倍的目标，轻易被人欺骗。有人找上门来，取得了我的信任，并声称只要与他和他的公司联手，就能给我赚钱。当时我在自己公司里也没有太多持股投资，因此就被他抛出的诱饵给吸引住了，最后损失惨重。如果我正确地设定自己的目标，就会专注于采取必要行动去实现这些目标，甚至都不会有时间与这个骗子会面。

环顾周遭，你可能会看到人类在总体上倾向于将目标设定在低于标准的水平上。事实上，许多人甚至本能地去设置一些并非自己设想出来的目标。我们被告知何谓"很多钱"——什么是富人、穷人或中产阶级。对什么是公平的，什么是困难的，什么是可能的，什么是道德的，什么是好的，什么是坏的，什么是丑的，什么是好吃的，什么是好看的等，我们都有先入为主的概念。因此，不要认为你的目标设定不会受这些约定俗成的因素的影响。

任何既定目标的实现都不会是一路坦途的，在某时某刻，你不可避免地会感到失望。那么，为什么不一开始就把这些目标设定到远超你认定的价值水平上呢？如果目标的实现，需要工作、努力、精力和毅力，那为什么不在这些事情上都付出10倍的行动呢？万一是你低估了自己的能力呢？

你可能会提出异议：如果设定一个不切实际的目标，而后遭遇失败，那又该怎么办？花点时间研究研究历史吧，或者还有更好的选择，就是回顾自己的人生历程。可能你常常设定了太低的目标，纵然达成了目标，也难免心生失望，最终发现依旧没能达到自己的期望。另一种观点认为，你不应该设定"不切实际"的目标，因为当你意识到它们无法实现时，可能会迫于无奈而放弃。但是，没有达到10倍的目标难道不会比没有达到1/10的目标收获更多吗？假设我最初的目标是赚10万美元，后来我将目标调整到了100万美元。你更愿意最终离哪个目标只有一步之遥呢？

有些人声称期望是不快乐的根源。然而，基于个人经验，我可以向你保证，设定过低的目标会让你遭受更大的痛苦。你根本不会投入精力、努力和资源来适应项目或事件发展过程中，于某些时刻一定会出现的意外因素和情况。

为什么穷尽一生只想图个温饱，最终却依然在财务上捉襟见肘？为什么一周只在健身房锻炼一次，除了浑身酸痛，却不见体型有所变化？为什么明知道只有出类拔萃才能获得市场的回报，却仅仅只是做到"不错"而已？为什么有机会可以成为万众瞩目的明星，却选择了每天默默无闻地工作八个小时？如此种种情况，都需要付出精力。只有10倍目标才能给你带来真正的回报！

因此，让我们回到成功的定义上来。这是一个大多数人甚至从未查阅过的术语，更别提研究了。成功或者成功的状态到底意味着什么？在中世纪，这个词常指接任王位的人，它源自拉丁语中的"**继任者（succeder）**"（注意，这可是**真正的力量！**）。"成功"作为动词，字面意思是"发展顺利或达到预期的目的或结果"，而"成功"作为名词，是指一系列事件发展顺利或达到预期结果的累积。

按这个思路想想：如果你减重 10 磅，又增重 12 磅，那么你就不会认为这次节食行动是"成功"的。换句话说，你必须能够**保持**成功，而不仅仅是取得成功。你也希望在成功的基础上更上一层楼，以确保自己能一直成功。毕竟，你割一次草可以算作成功完成一次任务，但这些草最终还是会春风吹又生。你必须经常修整院子，**保持**庭院的美观，才能叫作成功。成功并不意味着一次实现一个目标，而是意味着我们可以接连不断地创造出什么。

在你开始忧心忡忡是不是要没完没了地工作之前，我向你保证——不会！也就是说，如果从一开始就设定了正确的 10 倍目标，你的担忧就是多余的。与任何某些领域的成功人士交谈时，他们都会告诉你，他们不认为自己是在工作。对大多数人而言，这感觉都像是工作，因为回报不够丰厚，也没有什么特别大的成就感，不足以让他们感受到"工作"之余的快乐。

你应将注意力放在建立那种持续不断的成功上——这种成功是永恒的，而不仅仅是昙花一现。本书的主要内容是关于如何创造非凡成就，如何确保获得成就，如何保持成就，然后在不感到这是工作负担的状态下不断再创新高。记住：**一个人如果限制了自己成功的可能，就会限制自己创造成功和保持成功所做出的努力。**

同样重要的，是要记住你的心之所向，即目的或目标，不如实现

10倍目标所必需的心态和行动来得重要。无论你想成为一名专业的演说家、畅销书作家、顶级首席执行官、出色的父母、杰出的教师，还是想成为模范夫妻、保持良好身材、制作一部传世的电影，都要超越现在的自己，坚定不移地采取10倍的思考和行动。

任何理想的目标总是暗示着尚未达成的梦想。过去的成就无足轻重。人活在世上，要么为了实现自己的目标和梦想，要么作为一块垫脚石，成就别人的目标和梦想。在本书中，成功也可以被定义为向你的理想目标再迈进一步，而且是永永远远地重塑你对自我、生活、精力付出的认知，以及更重要的——永永远远地重塑他人对你的认知。

10倍法则讲的是你必须采取什么样的思考和行动，才能达到相当于预想中10倍满意的状态。这种成功的水平无法通过"正常"水平的思考和行动得以实现。这也解释了为什么即使大部分目标达成，仍然无法带来足够的满足感。普普通通的婚姻、普普通通的银行账户、普普通通的体重、普普通通的健康、普普通通的生意、普普通通的产品等，一切都是普普通通。

你准备好开启10倍冒险了吗？

练习

10 倍法则包含哪两个部分?
_____
_____
_____
_____

人们在设定目标时犯的四大错误是什么?
_____
_____
_____
_____

为什么目标设定过低会有问题?
_____
_____
_____
_____

你准备好开启 10 倍法则之旅了吗?
_____
_____
_____
_____

第 2 章
10 倍法则为何至关重要

在我们讨论按照 10 倍法则思考和行动对你而言有多重要之前,让我先分享一点自己的经历。以前的我总是会低估完成自己参与的每个项目需要花费的时间、精力、金钱和努力。与任何目标客户打交道或涉足新业务领域时,我总要在电话、电子邮件和联系事宜方面投入相当于预期 10 倍的工作量。即使是让妻子与我约会并最终嫁给我,也花了相当于预计 10 倍的努力和精力(但这一切都是值得的!)。

不管你的产品、服务或提案多么出类拔萃,我向你保证,总有一些事情是在你的预期和精心策划之外的:经济变化、法律问题、相互竞争、抵触转变、产品太新、账户被银行冻结、市场的不确定性、技术变革、层出不穷的人事问题,还有选举、战争、罢工……这些还只是潜在"意外事件"中的冰山一角。我说这些话不是为了吓唬你,而是为了帮助你做好准备,迎接眼前最重大的机遇。10 倍思考和行动至关重要,它们是唯一能让你克服重重困难的法宝。光靠钱不行,钱虽然有用,但它不能代替你完成任务。在没有适量的部队、补给、弹药和耐力储备的情况下投入任何战斗,都将铩羽而归。道理就是这么简单,打下江山是远远不够的,还得能守得住江山才行。

我 29 岁开始创业。大多数人都不会选择创业,因为他们不愿意承受随之而来的财产损失。我对此已有准备，或者说我自认为万事俱备，以为花三个月就能达到之前工作的收入水平。结果呢？我花了近三年的时间才做到了这一点。这个时长是我预想的12倍。头三个月一过，我几乎就要放弃了——不是因为钱，而是因为经历了太多的逆境和失望。

我有一份清单，上面清清楚楚地罗列了公司无法运行下去的原因。我撰写了这份清单，试图说服自己放弃。那时的我大失所望，心烦意乱，几近崩溃。甚至真的跑去一个朋友那儿大倒苦水："我受够了，快撑不下去了。"我给公司的困境编造了一连串理由：客户没有钱，经济不景气，时机不对，自己资历尚浅，客户不理解，人们不想改变，大家都糟透了……

我花了很长时间试图找出公司陷入困境的原因，最终却意识到自己完全有可能错失了问题的真正答案。

我从来没有想过，自己从一开始就错误地估计了将一个新产品推向市场所需的一切。我提出了一个新创意，这一点毋庸置疑，但没有人表示自己有这个需求。由于资金有限，所以没法雇人，也承担不了广告费。真是开局不利，因为当时我还籍籍无名，公司也还没有打响知名度。我不知所措，只能不断地给客户打电话推销。如果这一招行得通，那也是我不断努力的结果，而不是其他五花八门的借口生效了。

厘清问题后，我旋即投入10倍的努力，竭尽全力扭转局面。一切随即发生了改变。我正确地估计了所需要的努力，再次杀回市场，就初见成效。我每天不再只打两三个销售电话，而是打二三十个。当我振作起来，全身心投入，调整到正确的思考和行动水平上时，市场逐渐给予我回应了。虽然依然艰难，也时不时感到失望，但我付出了10

倍的努力，得到了 4 倍的结果。

当你低估了完成某件事所需的时间、精力和努力时，就会在思维、言语、姿态、表情和陈述中流露出放弃之情，不会再坚持下去。然而，当你正确估计了所需的努力时，就会采取恰当的态度和方式。而市场会通过你的行为感知到你有一股坚定且不可忽视的力量，因此开始予以回应。

在过去的 20 年里，我咨询过成千上万的公司和个人，但从未见过他们当中有人能正确地估计自己需要付出多少努力和思考。无论是建房、筹款、打官司、找工作、卖新产品、走上新岗位、谋求升职、拍摄电影，还是寻找合适的人生伴侣，实际所花的时间总比预计的多。我没见过任何人称这些事易如反掌。对于旁观者而言，实现这些目标似乎是小菜一碟，但亲身经历的当事人绝不会说出这样的话。

当你误估了实现某件事所需付出的努力时，就会明显地感到失望和沮丧。这会导致你误判问题，认定目标终将无法实现，最终缴械投降。在这种情况下，包括管理者在内的大多数人的第一反应是降低目标，而不是采取更多的行动。我观察到有些企业的销售经理多年来就是这么管理销售团队的：他们在季度初制订一个配额或商定一个目标，一旦中途发现无法达成目标，就召开会议，将目标削减到更容易实现的水平上，用以维持士气，保存胜利的希望。

这种严重错误的想法想都不要想。它向组织内部传递了错误的信息——目标无足轻重，获胜的唯一方法就是调整终点线。一个伟大的经理会鞭策员工冒着达不到目标的风险尽量做得更多，而不是降低目标。这种"改变目标以安抚人心"的想法会进一步削弱士气、希望、期待和技能，而后每个人都会开始为团队无法实现目标而寻找理由，也就是所谓的借口。**永远不要削减目标。相反，要采取更多行动。**当你开始重新考虑自己的目标，编造借口，妄图纾困时，你就是在放弃梦想！这些行为表明你偏离了轨道——该开始考虑纠正最初对需要付出多少努力的估计了。

10倍法则认为，目标永远都不是问题。**任何目标，只要找准方向、坚持付诸足够的行动去推进，一定会得偿所愿。**即使我的目标是到达另一个星球，我也坚定这个信念不动摇，如此一来，实现这个目标便不再是痴人说梦了。当人们对达成目标所必需的行动估计不足时，不可避免地会开始诉诸理性思维。人类似乎天生有种为失败辩解的思考机制。问题是，这种最频繁调用的机制似乎没有对标到行动上来。它往往更情绪化，而不是讲究逻辑。它将项目、客户、经济和个人作为失败的借口，为进展不顺利辩解。这可能是由于媒体、教育体系和我们的成长环境在这个思考机制中植入了虚假的内容，即种种借口，比如"市场还没有准备好""经济不景气""没有需求""我不是这块料""我们的目标不现实"等。但在更多时候，这只是因为你自己没有正确地评估所需的行动量而已。不管时机、经济环境、产品如何，或者项目风险有多大，只要你付诸足够多的正确努力，日积月累，你终究会迈向成功。

基于个人30年以来在创建公司和将新产品与创意推向市场方面的经验，我可以向你保证，无论你的商业计划有多缜密，永远都会出现一些你无法预见的事情。不管你的产品是不是零成本，是不是比最接近的竞争对手好100倍，即便是突出重围让人们了解它，就需要付出10倍的努力。要提前预估好你尝试的**每一个项目都将花费比想象中更多的时间、金钱、精力、努力和人工**。把你的每个期望乘以10，或许才保险。如果最终不需要做到预期的 10 倍，那就真是谢天谢地了。与其大失所望，不如欣然接受惊喜。

如果想缩短将创意或产品推向市场的时间，必须确保在所有事情上付出 10 倍的努力，以便在更短的时间内触及更多地区和更多人群。例如，如果你计划请一个人来推销创意，那么得做好请 10 个人来推销的打算，这或许才能省下时间。但是别忘了，10 倍的人就需要 10 倍的费用，还必须有人来管理这些人。

10 倍法则的参数允许项目在任何时间点上出现各种计划外的可能变量，包括员工问题、诉讼、经济波动、国家或全球事件、竞争、疾病等。它同时也包括了任何针对项目的市场抵制、人们的固化行为、技术的转变等一系列其他潜在事件。

出于某种原因，人们一旦有了想要将某个产品推向市场的想法，往往就会抱着乐观的态度，这常常导致他们严重误判完成项目所需的一切。虽然对任何项目而言，热情是很重要，但不能忘记一个重要的事实：你的潜在客户对这个项目并不像你那般热情——因为他们甚至对它还一无所知呢。潜在的市场可能才刚开始消化这个理念。因此，他们可能对此反响平平，丝毫提不起兴趣。

我不是要你悲观，只是要你有所准备。请运用 10 倍法则来处理你的项目，将它视作性命攸关之事。管理每一个行动，仿佛有一部相机在记录你迈出的每一步。把自己当成子孙后代学习的榜样，所以要被相机记录下来，以此来教导他们如何在生活中获得成功。你要像一个竭力抓住最后机会在史书上留下浓墨重彩的一笔的运动员一样，奋力拼搏争取。永远不要忘记坚持到底：这是所有赢家的一大共同点。不找借口，不达目的誓不罢休，以"敢拼要赢"的心态对待各种情况。

这听起来是否太咄咄逼人了？抱歉，但这才是当下想要取胜所需要秉持的观念。

我知道你以前可能听说过，成功不会自己找上门来。它是日积月累、坚持不懈地恰当行动的结果。只有那些秉持正确观念并采取相应行动的人才会受到成功的青睐。运气显然也举足轻重，但任何一个"走运"的人都会告诉你，他的"运气"是与付出成正比的。你采取的行动越多，幸运女神就越有可能垂青于你。

|练习|

包括管理者在内的大多数人在没有达到目标时,第一反应是什么?

_____
_____
_____
_____
_____
_____
_____

当你开始为没有达成目标找借口时,这说明了什么?

_____
_____
_____
_____
_____
_____
_____

请填写以下内容。

10 倍法则认为,目标永远都不是_____。任何目标,只要_____、坚持付诸足够的_____,一定会_____。

第 3 章 成功是什么

我知道，成功这个词我已经提及好几次了，但还是让我们来梳理一下它到底是什么吧。它之于你、我的意义不尽相同。成功的定义实际上取决于一个人处在人生的哪个阶段或这个人关注的是什么。孩提时代的成功可能意味着第一次拿到零花钱或不按时上床睡觉当夜猫子。但过不了几年，这些可能就变得无关紧要了。对于步入青春期的少年而言，成功可能意味着拥有自己的卧室、手机或被允许晚归。20 岁出头的成功可能意味着装修自己的第一套公寓和首次升职加薪。后来，成功可能是步入婚姻殿堂、儿女绕膝、不断晋升、四处旅行、财源广进。随着年岁增长和环境变化，你对成功的定义将一再改变。上了年纪之后，你可能会在健康、家庭、财富以及名誉等方面寻求成功。你处于生活的什么阶段，面临什么样的条件，以及最关注的情况、事件和人，都会影响你对成功的定义。成功存在于方方面面，囊括了财务、精神、身体、情感、事业或家庭等。然而，无论你在哪个方面寻求成功，想要拥有和保持成功，至关重要的就是要认识到以下几点：

1. 成功很重要。

2. 成功是你的责任。
3. 成功不是稀缺品。

我将在本章中讨论第一点，其他两点将在之后的章节中阐述。

成功很重要

无论文化、种族、宗教、经济背景或社会群体性质如何，大多数人都会认同，成功对个人、家庭和群体的福祉都至关重要，当然也对这一切未来的生存至关重要。成功能够带来信心、安全感、舒适感、更出色的贡献能力，以及为他人带来希望和引领。倘若没有成功，你和你的团体、公司、目标和梦想，甚至一切文明都将灰飞烟灭、枯萎凋敝。

我们可以从拓展的角度来思考成功。没有持续的成长，任何实体——无论是公司、梦想，甚至整个种族——都将不复存在。历史上因没有持续拓展而发生灾难的例子不胜枚举。古希腊和古罗马文明，以及眼下不计其数的公司和产品都是如此。成功是造就万事万物永垂不朽的要素。

你绝不能在思想上或口头中将成功贬低为无关紧要的事情；恰恰相反，它**至关重要**！任何贬低成功对你未来的重要性的人，都已经放弃了获得成功的机会，且不惜浪费自己的生命竭力说服别人也步其后尘。个人和团体必须积极地完成他们的目的和目标，才能继续向前，否则要么销声匿迹，要么被吞噬，成为附庸。那些希望保持现有地位的公司和行业必须成功地创造出产品，并将这些产品推向市场，取悦客户、员工和投资人，并周而复始地重复这个循环。

有太多"毒鸡汤"似乎忽视了成功的重要性,比如"成功是一次旅程,而不是目的地"。拜托!当金融风暴袭来时,大家很快就会意识到这些轻飘飘的小清新话语既无法填饱肚子,也无法拿来支付房贷。过去几年发生的经济事件应该已经揭露了我们太低估成功的重要性,以及成功对我们的生存实际上多么不可或缺。仅仅参与成功的角逐还不够,学会取胜才是至关重要的。当你在参与的每一件事中都能取得胜利时,你就能提升自己的实力,确保你本人和你的想法在未来能生存下去。

成功对于一个人的自我意识而言也同样重要。它提升了信心、想象力和安全感,并强调了贡献的意义。无法照顾家庭和未来的人实际上会将自己和家人置于危险之中。不成功,就没有能力购买商品和服务。这可能在社会层面导致经济放缓,税收减少,进而对学校、医院和公共服务的资金支持产生负面影响。有些人可能会反驳道:"可成功并不是一切呀!"当然,成功**不是**一切。然而,这样的话总让我疑惑,说这话是什么意思呢?当有人在培训班上这么对我说时,我通常会给出类似这样的回应:"你是不是在试图弱化某些自己没法达成的事情的重要性?"

面对现实吧!不管你试图达到什么目的,成功绝对至关重要。如果你放弃对胜利的关心,也就是放弃了胜利;与其缓慢放弃,还不如干脆直接**放弃**!眼看着父母的失败或放弃,对孩子有什么影响?当你的艺术作品卖不出去、好书无法付梓、能带来翻天覆地改变的伟大创意不为人知,对谁有好处?没有人会从你的失败中受益。但是,如果你能够扭转局势,实现当初设定的目的和梦想,那就是一件了不起的事了。

|练习|

你听过哪些削弱成功重要性的"毒鸡汤"?

_____
_____
_____
_____
_____
_____
_____

成功对你而言有多重要?它会如何改善你的生活?

_____
_____
_____
_____
_____
_____
_____
_____
_____
_____

第 4 章 成功是你的责任

当我不再漫不经心地等待成功找上门，而是开始把它当作一种责任、义务和职责来对待的时候，人生出现了重大转折。从那时起，我真的开始把成功视为一个道德问题——它是对家人、公司和未来的责任，而不是在我身上充满变数的一件事。我花了 17 年的时间接受正规教育，为世界的激烈竞争做好准备，可在这些教育中，没有一门课程与成功相关。从来没有人和我谈论过成功的重要性，更不用说告诉我怎样才能获得成功了。这简直太匪夷所思了！多年的教育、信息灌输、博览群书，在课堂上花了多少时间，耗费了多少金钱，可我依旧漫无目的。

然而，幸运的是，人生中有两段不寻常的经历给我敲响了警钟。在这两段经历中，我的生存都岌岌可危。第一段经历发生在我 25 岁的时候。当时由于多年来浑浑噩噩的生活方式，我找不到真正的目标和焦点，随波逐流，生活陷入了一团糟。身无分文，前途未卜，没有方向，游手好闲，也没有坚定不移地将成功视为己任。如果我没有幡然醒悟并开始认真对待生活，我想我是无法活到今天。你知道，人不是年纪大了才会死去。我在 20 岁的时候，就在死亡的边缘挣扎，只因为毫无方向和目标。那时的我没有工作，与一群失败者终日厮混在一起，未来毫无希望。更糟糕的是，我还每天酗酒。如果我没有给自己敲响警钟，继续沉沦下去，最多只能继续过着平庸的生活，甚至可能更糟。如果那时我没有坚定不移地追求成功的人生，就不会找到人生的目标，只能穷尽一生去实现别人的目标。让我们面对现实吧，芸芸众生中有很多人只是苟且活着，这一点我深有体会。当时我做销售，对这份工作不屑一顾。可当我致力于把销售作为一份事业，下定决心无论如何都要在销售领域有所建树的时候，人生随之发生了转变。

我的第二次觉醒发生在知天命之年，当时经济正经历自大萧条以来最大规模的紧缩。与千千万万个人、公司、行业甚至整个经济体一样，我的生活实际上危机四伏。几乎在一夜之间，我的公司在行业内变得不堪一击，危在旦夕。不仅如此，我的财务状况也危如累卵，以往人们眼中的巨额财富也在日益缩水。我记得有一天打开电视，满眼充斥的都是关于失业人数如何增加、财富如何因股市和房地产调整而蒸发、房屋如何被取消抵押赎回权、银行如何倒闭、公司如何接受政府纾困的报道。那时的我意识到，因为安于现状，不把成功作为自己的责任、义务和职责，我已经把家庭、公司和自己置于危险的境地，自己也失去了焦点和目标。

生命中这两个关键时刻的经历让我幡然醒悟——成功对于人生充实、圆满至关重要。而第二段经历让我意识到，人生需要的成功比大多数人预想中的要更多，并且持续追求成功不应被视为一种选择，而应被视为一种义务。

大多数人对待成功的方式和我之前一样，并没有做到坚定不移。他们将成功视作无关紧要之事——就像是可有可无的一个选择，或者只是发生在其他人身上的事情。还有些人只满足于小有所成，认为如果"小有"成就就万事大吉。

只将成功作为一种选择，这是多数人没有创造属于自己的成功的一个主要原因，也是大多数人甚至还远远没有充分发挥自己潜力的一个主要原因。扪心自问，你离发挥全部潜能还有多远。答案可能不太中听。如果不将充分发挥潜能视作己任，你就**无法**做到这一点。如果不将其作为一个道德问题，你就不会觉得有义务和动力去充分发挥自己的能力。人们没有将成功视为一种必须承担的义务、生死攸关的任务、志在必得的必需品，没有"饿狗追着运肉卡车跑"的心态，就只能用余生来为自己的一事无成找借口。当你认为成功是一种选择，而不是一种义务时，就会发生上述情况。

在我们家，成功被视作对家庭未来生存至关重要的东西。妻子和我在这方面有着共识。我们经常探讨为什么成功如此重要，并明确必须采取什么措施防止其他次要的事情阻挡成功的道路。我指的不仅仅是金钱上的成功，而是方方面面的成功——婚姻、健康、教育、对社会的贡献和未来——甚至是在我们离开人世以后。你必须像称职的父母对孩子尽责一样对待成功。它是一种荣誉，一种义务，一个首要任务。称职的父母会不惜一切代价照顾自己的孩子。他们会半夜从睡梦中爬起来给孩子喂奶，努力工作让孩子过上衣食无忧的生活，当孩子有难时挺身而出，甚至冒着生命危险去保护他们。你必须用同样的方式看待成功。

停止自欺欺人

对于那些无法得偿所愿的人来说，通过贬低成功对他们的价值为自己辩解，甚至自欺欺人，已是屡见不鲜了。在当今社会，不同地域内形形色色的人群中，这一现象随处可见。你可以在书本里读到，在教堂里听到，甚至在学校里目睹。例如，不能得偿所愿的孩子会抗争一下，哭一会儿，然后说服自己这些东西他们一开始并不想要。其实，承认无法得偿所愿也无妨。事实上，尽管前进的道路上遍布艰难险阻，但这是唯一能帮助你最终达成目标的要素。

即使是我们当中最幸运、人脉最广的人，也必须采取一定行动，让自己在正确的时间、正确的地点，出现在正确的人面前。正如我在上一章末尾提到的，运气只是那些采取最多行动的人收获的一种副产品。成功人士之所以看似受到了幸运之神的眷顾，是因为成功天生就有可能自我**繁殖**。人们通过实现目标催生了魔法般神奇的动力，这促使人们制定并最终实现更崇高的目标。除非了解行动的内幕，否则你无法目睹或耳闻这些成功人士是如何屡败屡战的。毕竟，他们只有在胜利的那一刻才会得到世人的关注。让肯德基声名远播的桑德斯上校（Colonel Sanders），在成功找到接受其商业创意的买家之前，不厌其烦地推销了80多次。史泰龙（Stallone）只花了三天时间就写出了《洛奇》（Rocky）的剧本，这部电影最终票房大卖2亿美元。可史泰龙创作这部剧本的时候不名一文，付不起公寓的供暖费，甚至不得不以50美元的价格卖掉爱狗，才得以果腹。沃尔特·迪士尼（Walt Disney）因建立游乐园的想法遭人嘲笑，可现在很多人都愿意花100美元买一张门票，举家到迪士尼乐园度假。不要被你眼中的幸运迷惑了。幸运不会造就成功，只有对成功矢志不渝的人才能搭上人生的幸运列车。有人曾说过："越努力，越幸运。"

我们甚至可以在这基础上更进一步：如果能够一再取得成功，那么与其说这是"成功"，不如说这已经成为一种习惯——对一些人而言，几乎成了日常生活的一部分。成功人士在人们口中甚至成了具备某种吸引力的人，自带"神秘力量"和魔力的光环。为什么？因为成功人士将成功视为一种责任、义务和职责，甚至是一种权利！假设有一个成功的机会摆在两个人面前，你认为最终的赢家会是那个笃信成功是自己的责任并积极争取的人，还是那个抱着"可有可无"态度的人？答案想必你已清楚。

尽管人们经常使用"一夜成名"这个词，但实际上并没有"一夜成名"这种事。成功总是采取的行动之后结出的硕果——不管这些行动看起来多么无足轻重，也不管这些行动发生在多久以前。任何一个称某个生意、产品、演员或乐队一夜成名的人都忽略了，而且也没有体会到这背后有人为了杀出一条血路所饱尝的艰辛和苦楚。他们没有看到这些人在真正创造和摘取自己应得的胜利果实之前付出了多少努力。

成功的硕果，得益于心理和精神上宣告自己对成功的责任，然后随着时间的推移，采取必要的行动，直至达成目标。如果没有以饱满的热情将成功作为对家人、公司和未来的一种责任、义务和职责，你很可能无法获得成功，更别提保持成功了。

我保证，当你和家人以及公司开始将成功视作一个职责和道德问题时，其他的一切就会立即开始随之改变。虽然道德当属个人问题，但大多数人都会赞成：道德并不一定局限于说真话或不做坏事。我们对道德的定义当然也可以在这基础上加以拓展，甚至可以拓展到这样一个概念，即不得辜负上天赋予我们的潜能。我认为，不能坚持不懈、屡创成功多少是有点不道德的。甚至于日复一日地竭尽所能是合乎道德的，没做到这一点就是有违道德。

你必须不断争取成功，将其作为自己的责任、义务和职责。我将向你展示，无论何时，身处何种行业，面对一切艰难险阻，该如何做才能确保如你所愿、屡战屡胜！

成功必须从道德的角度来看待。成功是你的责任、义务和职责！

|练习|

成功应该被当作你的_____、_____和_____。

用自己的话论述,成功是如何成为你的责任、义务和职责的。
_____
_____
_____
_____
_____

写两个例子,说明你是如何在成功的问题上自欺欺人的。
_____
_____
_____
_____
_____

要了解成功,关键在于哪两点?
_____
_____
_____
_____
_____

第 5 章
成功不是稀缺品

看待成功的方式和对待成功的方式同样重要。与产品制造和存储不同，能创造多少成功是没有"限制"的。你想要多少就有多少，我也一样，而且你的成就并不妨碍或限制我取得成就的能力。可不幸的是，大多数人似乎认为成功是一种稀缺品。他们倾向于认为，如果别人成功了，就会在某种程度上抑制自己创造成功的能力。事实根本就不是这样的。成功不是彩票、宾果游戏、赛马或是纸牌这种只有一个赢家的游戏。在电影《华尔街》（*Wall Street*）中，戈登·盖柯（Gordon Gekko）说："每一个胜利者背后都有一个失败者。"可成功不是零和游戏，它可以有很多赢家。成功不是一种储量有限的商品或资源。

成功永远都不是稀缺品，因为它是由那些拥有无限思想、创造力、独创性、天赋、智慧、原创性、毅力和决心的人创造出来的。注意，我所说的成功是**创造出来的，而不是得到的**。不像金、银、铜或钻石这些已经存在的东西，你必须把它们找出来，然后再推向市场——成功是人们创造出来的东西。世上从来都不缺少伟大的创意、新兴的技术、创新的产品和解决沉疴的新方法。成功的创造可以发生在世界上每一个角落——在任何时间，以不同的方式，由千千万万拥有无限潜能的人创造出来。成功不取决于资源、供给或空间。

政治家和媒体通过暗示某些东西不"足以"分给所有人,即"这个东西如果你有了,我就不能有",不断宣扬稀缺的概念。许多政治家认为,他们需要传播这个谬误,以激励追随者们支持或反对其他政治家、党派。他们会这么向大家宣告:"我会比另外那个人更好地呵护你们""我会减轻你们的生活负担""我会给你们减税""我保证会给你们的孩子提供更好的教育",抑或是"我会让你们更有可能成功"。这些话的潜在含义是,只有"我"才能做到,另外那个人做不到。这些政治家深谙追随者所重视的话题和倡议,于是首先对其加以强调,然后再制造出公民没有独立行为能力的感觉。他们强调"稀缺性"的存在,想尽一切办法让人们感到,如果想要满足自己的欲望和需要,唯一可行的方法就是去支持他们。否则,你得到自己应有之物的机会会变得更加渺茫。

我们很难同他人讨论政治或宗教的一个原因是,关于这两个话题的交流往往导致不可避免的争论——非此,即彼。例如,如果你的政治信仰赢了,那么我的就输了。如果某个政党拥护的主张实现了,那么另一个政党就必受其害。对于某些普遍的态度和观点也同理可证。让人们做出"是否同意"的决断极其困难,因为人们的行事基于"互相冲突的观点无法共存"这样一种预设。而这种基于限制和稀缺概念的预设,只会加剧我们彼此之间的紧张关系。为什么必须是一个人对,而另一个人错?为什么会出现这种稀缺谬误呢?

竞争的概念暗示着有人赢,就一定有人输。虽然这在棋类游戏中可能是真的,因为这类游戏的目标就是一决高下,只能有一个赢家,但在商业和生活中,事实并非如此。资深玩家不会从这种制约的角度去考虑问题,相反,他们不会限制自己的思考,这让他们可以跃升到其他许多人认为不可能的水平上。投资界传奇人物沃伦·巴菲特的成功并没有受到他人投资策略的制约或限制，而他驾轻就熟的财务能力也不会对我创造个人财务成功的能力造成任何限制。谷歌的创始人并没有阻止脸书的横空出世，微软20年独霸江湖也没有阻止史蒂夫·乔布斯借助苹果iPod、iPhone和iPad被打造成为炙手可热的明星。同样，这些公司在过去几年推出的新品、创意和成功的创新产品的数量也不会阻止其他人——包括你，取得更惊人的成功。

环顾四周就能看到多数人在不断鼓吹稀缺谬误——他们嫉妒、反对，大呼不公，认为那些"大获成功"的人受到了偏爱。此外，还有媒体不断报道工作稀缺、金钱稀缺、机会稀缺，甚至时间稀缺。你是否经常听到有人说"每天的时间都不够用"，或者听到有人抱怨"没有什么好工作""没有什么雇主在招人"，但现实是，即使20%的人失业，也还有80%的人有工作。

这种"稀缺思维"的另一个例子就发生在我所住的社区。我的邻居碰巧是好莱坞的一个著名演员。我们两家中间隔着的道路总是坑坑洼洼的，政府似乎永远也修不好这条路。住在这条路尽头的另一个邻居居然厚颜无耻地建议让这位电影明星修这条路，因为他一部电影就赚2000万美元。我对这个人的脑回路感到震惊——仅仅因为这个演员创造了周围邻居都无法企及的成功，他就应该为修这条路买单。我想的则是，我们这些人反倒应该为他修路，因为他提高了我们社区的价值！

当一些电视名人签下一份巨额商业合同时，人们通常的反应是质问："一个人怎么能赚这么多钱？"但是钱是人创造、机器印出来的，甚至连钱都不存在稀缺，它只会贬值。有群体认为一个人价值4亿美元，这对你而言应该是个鼓励——**万事**皆有可能。

我发现，即使不是全部，至少大多数稀缺都是人为制造的概念。任何公司或组织只要能说服你，你所需要或渴望的东西数量有限——无论是钻石、石油、水、清洁的空气、能源，还是凉爽或温暖的天气——就可以制造出一种紧迫感，蛊惑人心，方便其牟利。

你必须摆脱成功可能会受限的这种观念。在这种观念的影响下行事，会损害你创造属于自己的成功的能力。假设你和我竞标去赢得一个客户，我拿到了这笔生意，但这并不意味着你就一败涂地了。毕竟，这不是你竞标的唯一客户。只依赖某一件事或某一个人来获取成功会限制你建功立业的机会。虽然你我在这一份合同上一较高下，但是"高瞻远瞩，抛开稀缺谬误"的人会赢得千千万万的客户，向我们展示成功的真正定义！

为了摆脱稀缺的谬误，你必须改变思维，看到别人的成就实际上也为你创造了获胜的机会。**任何人或任何团体取得的成功最终都是对所有人和所有团体的一种积极贡献，因为它向所有人证明了各种可能性。**这也是为什么当人们目睹一些伟大的胜利或表现时，会颇受鼓舞。目睹一些人一步步走向成功激励着我们所有人，弱化了我们"不可能"凭借自己的能力完成什么事情的固有观念。无论所谓的成功是新技术、医学的突破、更高的分数、更快的时间，还是创纪录的商业并购价格，也无论你是否参与其中，诸如此类的成就都证实了成功并不稀缺，且对任何人来说都是完全有可能的。

抛掉任何有关成功仅限于某些人、成功有一定数量限制的成见。你我都可以拥有皆大欢喜的结局。当你认为别人的收获就意味着自己的损失时，你采取的就是一种竞争和稀缺的思维，这样会限制自己发展的可能性。这时你要训练自己的思维，将每一次成功等同于获取更多成功的可能,然后回到"坚定不移地坚持成功是自己的道德责任"这一点上来。这将激发你最大的潜能,找到解决之道,创造诸多前所未有的辉煌成就。

练习

写下一个你曾见过的关于成功稀缺的例子。

_____
_____
_____
_____
_____

所谓的稀缺实际上是怎么造成的?

_____
_____
_____
_____
_____

如果成功不是稀缺品,那么真正稀缺的是什么?

_____
_____
_____
_____
_____
_____

第 6 章
把握一切控制权

原本打算把这一章叫作"不要泼妇骂街",但为了不冒犯任何人,还是决定不采用这么激烈的措辞。自上一本书《勇争第一,不甘人后》(If You're Not First, You're Last)出版以来,我就一直想要把这个标题写进书里。直至现在我仍然很喜欢这个标题,并一直渴望在某个地方使用它。我认为它非常适合这一章,因为这一章的目的就是探讨"爱哭鬼"、抱怨不休的人、抱着受害者心态的人为什么就是无法吸引或创造成功。他们甚至也不是没有能力,只是通常成功人士需要采取大量行动,可如果不担负起责任,是不可能做到这一点的。如果把时间浪费在编造借口上,同样也不可能有所建树。

你必须明白——正如我前面一再说过的那样——成功不是天上掉馅饼,它是你采取行动的结果。拒绝承担责任的人通常在行动方面也乏善可陈,自然也难以取得成功。成功人士在为自己创造和保持成功,甚至是在承受失败方面有很强的责任感。他们讨厌相互责备和推诿,并且知道无论好事坏事,主动出击都好过听天由命。

那些深受思维毒害的人——我粗略估计占到五成——可能会讨厌这一章内容,或是后悔自己为什么翻开了这本书。任何用责备、推诿来为事情是否发生开脱的人,永远不会在生活中取得一系列令人瞩目的成就,相反，他们只会活得浑浑噩噩、被人奴役。那些为了自己的成功，或是因为无法获得成功而把控制权交给别人的人，是永远无法掌控自己的生活的。怎么理解这个游戏，怎么玩，结果如何——如果你不先接受这一切都尽在你的掌控之中，那么人生中没有一场游戏能给你带来真正的愉悦。把自己放在受害者位置上的人永远得不到安全感，原因就在于他们选择将职责移交给另外一方，而且他们从来没有选择亲自去了解自己能做什么。因此，这些人永远无法掌控结果的走向，而只能说："我是一个弱小的受害者；坏事总是落在我头上，我对此无能为力。"

为了抵达人生中梦寐以求的目的地，你必须拥抱这样一种观点：在你的世界里发生的**一切**——无论好坏，甚至是一成不变——都是你自己造成的结果。对发生在自己身上的一切，你都握有掌控权，即使对那些似乎不在你控制范围内的事情也是如此。无论一切是否能掌控，我都选择承担职责、行使控制权，这样我就能采取某些行动来改善自己的现状。例如，如果附近这一带停电了，我不会责怪政府为何停电，而是考虑可以做点什么，以此来避免下次停电时不会慌了阵脚。**不要**把这和控制欲混为一谈；这只是一种高级的、于身心有益的责任感，同时也是我寻找有效解决方案的一种方式。事实上，电停灯熄，这和我一点儿关系也没有；可能是因为太多人同时用电、高温天气、地震，或是有人撞到变压器。我按时缴纳电费，现在却没有电和暖气，无法烧水、冷藏食物或使用电脑。可责备于事无补，因为成功是我的责任、义务和职责，我现在难以把它推脱给国家。如果没有灯、暖气或新鲜的食物，我又谈何是一个成功人士呢？

当我担负起责任并增强自己的责任感时，我可能会想出一个推动事情进展的解决方案。你或许已经想到了可能的解决方案。发生在我身上的这个状况不仅仅是因为停电了，还因为我没有备用发电机。这不是倒霉，甚至也不是失策，而是把自己的职责推脱给别人的结果。不要泼妇骂街，而是要去搞一台发电机来。但发电机是要花钱的！比起停电三天，无法照顾家人的需求，这点钱算不了什么。一旦你决定掌握控制权并增强责任感时，你就会开始找到相应的解决方案，让自己的生活变得更美好！

因为你对一切都尽在掌握，使这一切发生，即便在那些先前你以为不在自己控制范围之内的事情上也是如此——你要采取这样的态度，以此来把握控制权并强化责任感。永远不要抱着事情只是碰巧发生在自己身上的态度；相反，它们的发生是因为你是否采取了某些行动。如果赢了算你的，那输了也要算你的！增强责任感将必然提升你寻找解决方案、为自己再创成功的能力。怨天尤人只会把自己一直困在受害者的牢笼里，受人支配。把控制权握在手里会让你开始考虑可以采取什么行动来趋利避害，这样你就可以提高生活质量，避免飞来横祸。

假设我被人追尾了，很明显，那个追尾的人有错。虽然这个人让我恼火，但我最不想做的就是站在受害者的立场。试想一下：喋喋不休的抱怨有多可怕！"瞧瞧，我摊上了什么事儿？哎，可怜的我！我是受害者。"你收到的名片上或看过的电视宣传节目里会有人这么向公众剖析，用这种方式来获得尊重和关注吗？当然没有！一旦决定创造成功，就永远不要站在受害者的立场。相反，应该想想如何降低麻烦的发生率，让诸如追尾之类的糟心事不再上演。

10倍法则是指随着时间推移，持续采取大量行动。为了提高好事发生的概率，你就不能像受害者一样行事。好事不会降临在受害者身上；

坏事倒是经常落到这些人头上。不信你问问他们。那些抱着受害者心态的人会乐此不疲、滔滔不绝地跟你大倒苦水，遭受生活中诸多厄运与不幸的他们何其无辜，人生中总是处处碰壁、时运不济。受害者的生活中有四个共同的因素：①坏事缠身；②坏事频发；③总是卷入麻烦事中；④总是怨天尤人。

成功人士采取的是截然不同的态度，你也必须效仿：将生命中发生的每一件事都归咎于自己的责任，而不仅仅是某些外力的结果。这将促使你开始想方设法超越现状，并掌控局面，不让坏事缠身。从现在开始，试着在遭遇每一次不愉快事件之后自问："我能做些什么来降低这种情况再次发生的概率，甚至永绝后患呢？"回到我前面被追尾的例子：你有许多方法可以避免自己被注意力不集中的司机追尾。可以找一个司机，早一点儿或晚一点儿离开，上周就完成交易，走其他的路线，或者让自己变得厉害，这样客户就会登门拜访，而不是你去找他们。

在继续讨论下去之前，让我试着再让你进一步转换一下思维。许多人都认同这样一种观点：被引入或吸引到你生活里的人或事，是那些你倾注了最多关注的对象。许多人可能也认同，自己的理解力和心智能力仍有很大的空间等待开发。那么，有没有可能是你在碰上这场事故之前，甚至可以说是下意识地做了某个决定，这个决定在某种意义上创造了这个所谓的意外事件，让你可以继续将自己的人生归咎于其他？即使有那一丝微乎其微的可能，也是值得深究的！

也许你是一个受害者，人生注定充满了厄运和不幸。当你被这个世界不断捶打，没有任何好转迹象出现的时候，你可能要想想，事情的发生不仅仅是运气和巧合，而是**与你有关**——否则你就不会牵涉其中。记住，尽管事情可能发生在你身上，但它的发生是因为你。虽然你可能不想在警方的报告上声称对事故负责，但事实是，无论谁有过错，保险公司都将强制实施处罚。记住一件事：一旦你为了给自己辩解而扮演受害者，你就具有了受害者的身份，这绝不是一件好事。只有不再做受害者，才能找到解决方案并获得成功。因此，这样的人只需要应对问题就可以了。

一旦开始以一个**行动者**的身份处理每一个情况，而不是**被动地承受**施加在自己身上的影响时，你就会逐渐加强对自己生活的掌控。我相信，成功与否，是你一切所作所为的直接结果。**你**是一切积极或消极结果的创造者和根源。当然，这么说并不是为了简化成功的概念，可只有在你决定担负起责任之后，才有可能采取必要的行动让自己取胜。如果你想拥有一切，当然要对一切承担起责任。否则，你将浪费大量潜在的 10 倍能量来编造借口，而不是产生效益。

认为成功只是偶然发生，或只是偶然发生在某些人身上的事，这是一种普遍谬误。我知道自己提出的这个方法的可行性，因为我借助这个方法取得了一次又一次的成功。我并非出身权贵家庭，没有所谓的"高级"人脉。没有人给我钱创办公司，我也并非"天赋异禀"。然而，我在财务、身体、精神和情感上实现了一次次的成功，远远超出了大多数人对我的期望。而这一切都是因为我愿意采取大量行动，把握控制权，并为每一个结果负责。无论是感冒、胃痛、车祸、钱财失窃、电脑崩溃，甚至是停电，我都能掌控局面并担负起责任。

直到真正开始相信**没有什么事情是偶然发生在我身上的，一切皆因我而发生**之际，我才得以开始以 10 倍的行动力行事。有人曾经说过："吾心向往之，吾必达之。"这句简短的箴言告诉我，我既是问题，也是解药。这种观点让我将自己视作生活中所获得的一切结果的根源，而不是站在受害者的立场自怨自艾。我不允许自己拿任何人或任何事作为自己遭遇任何困难时的挡箭牌。我开始相信，尽管我不总是有权左右发生在自己身上的事，但我**总是**可以选择该如何做出回应。成功并不像无数人和书本里所说的那样，只是一次"旅程"。相反，它是一种持续性（或间歇性）的状态——你掌握控制权并承担责任。要么创造成功，要么失败，"爱哭鬼"、抱怨不休的人、抱着受害者心态的人注定与成功无缘。

你肯定还有某些天赋和潜力尚待挖掘和开发。你有鸿鹄之志，并且也充分意识到成功不是稀缺品。增强自我责任感，将发生在自己身上的一切控制权把握在自己手里，并将这句话作为自己人生的座右铭：没有什么事情是偶然发生在我身上的，一切皆因我而发生。记住，"别泼妇骂街"。

| 练习 |

你想把握生活中什么事情的控制权?
_____
_____
_____
_____
_____

成功不是偶然发生在你身上的;它是_____。

写三个例子证明成功不是偶然发生在你身上的,而是你创造出来的。
_____
_____
_____
_____
_____

受害者的生活中有哪四个共同的因素?
_____
_____
_____
_____
_____

第 7 章
四级行动

这些年来人们总问我这么一个问题:"确切地说,创造成功需要付诸**多少行动**?"每个人都在寻找外人不得而知的捷径,这不足为奇,可同样不足为奇的是这样一个事实:成功并没有捷径。你采取的行动越多,成功的机会就越大。比起其他林林总总的因素,纪律严明、始终如一、持之以恒的行动是决定成败更为关键的因素。明白如何计算并采取适量的行动比拥有想法、创意、发明或商业计划书更为重要。

大多数人失败仅仅是因为他们未能竭尽全力或未能乘胜出击。为了简化行动,我们将行动选择分成四个简单的级别,它们是:

1. 不作为。
2. 畏缩。
3. 常规行动。
4. 大量行动。

在我开始详述每项选择之前,很重要的一点是要明白每个人在生活中的某些时候,尤其是在应对生活中不同领域的问题时,都会用上这四个行动级别。例如，有人可能在职业领域内高歌猛进，但遇到涉及公民责任和职责的问题时，却畏缩不前；有人也许在熟习社交媒体这方面迟迟迈不出第一步，甚至是对此避之不及；还有人可能在饮食健康和锻炼身体方面装模作样地敷衍一下，却保持着一个长期的不良习惯。一个人显然会在那些自己最关注、投入最多行动的领域达到登峰造极的大师水平。

不幸的是，世界上大多数人把时间花在了前三个行动级别上，即不作为、畏缩，或只是按照正常的行动水平行事。前两个行动级别是失败的根源，而第三个行动级别充其量只能保证让你做个普通人。只有在成功的金字塔顶端的人才会采取非常高的行动级别，即我所说的大量行动。那么，让我们分别来研究每一级别的行动，看看它们的含义，以及为什么你可能会在一系列生活场景和领域中选择其中某一级别的行动。

不作为

顾名思义，"不作为"即不再为了学习、达成目标或掌控某个领域而采取推动自己的行动。那些在事业、人际关系或任何期待的事情上什么都不做的人或许已经放弃了自己的梦想，抱着一种听天由命的心态。不要被"不作为"的名字骗了——不要以为什么都不做就不需要付出精力、努力和劳动了！**无论你在哪个行动级别上行事，都需要付诸相应的行动。**不作为的表现包括无聊厌烦、无精打采、骄傲自满和缺乏目标等。这样的人会发现自己花时间和精力为陷入种种处境而辩解，可这难道不和付诸行动一样耗费心力吗？

当清晨闹钟响起时，不作为者根本不会有什么反应。虽然他们看起来并没有采取行动，但实际上，早上赖床需要消耗大量的精力。因为怠工而丢掉饭碗，岂不是得不偿失吗？未得到晋升，必须再等一年，然后回家还要和你的配偶解释，这也是一件苦差事。作为一个不受重视、薪酬微薄的员工，如何在这个世界上生存，本身就要付出巨大的努力，而要理清里面的头绪，需要花费更多精力。不作为者必须为自己的状况找借口，这需要付出巨大的努力，绞尽脑汁地找一些理由。不作为的销售人员，丢掉的单子比拿到的单子还要多，不得不向自己、配偶和老板解释为什么没有完成销售指标。同样有趣的是，生活中某个领域的不作为者会在其他领域找到他们热衷的事情，这些事情可能是电脑游戏、短视频。无论是什么，我向你保证，他们会沉迷其中而难以自拔，为此不惜耗费大量的时间和精力。不作为的人会坚持跟亲朋好友说自己开心快乐、心满意足、一切皆遂。可这只会让大家感到一头雾水，因为很明显，他们并没有充分发挥自己的潜力。

畏　缩

"畏缩者"是那些采取反向行动的人，这么做可能是为了避免体验那些因尝试而带来的失败的滋味。畏缩者是"成功恐惧"这一现象的化身。他们体验过不成功（或自认为不成功）的结果，因而决定避免采取任何可能重蹈覆辙的进一步行动。与不作为者一样，畏缩者为自己的反应辩解，并相信维持现状对自己而言最为有利。畏缩者声称这样做是为了避免遭受更多拒绝或失败，可影响他们的几乎从来都不是

实际上的拒绝或失败。更多时候，导致他们畏缩的是他们对拒绝或失败的感受和看法。

和无所作为一样，畏缩也是一种劳心劳力的行动。观察周围任何一个健康的孩童，你会发现正常的人类行为不是畏缩，而是前进和征服。通常，畏缩只有在一再被劝告之后才会出现。我们很多人在儿时都被告诫"不要碰那个""小心""不要和他说话""远离那个东西"等，在那之后，我们就开始将畏缩作为一种行动。我们往往被拽着远离自己最为好奇的事物。尽管这通常是为了我们好，是为了保护我们的安全，但长年累月的"压抑"终究会使我们自食恶果——这可能导致日后尝试新鲜事物对我们许多人而言变得困难重重。我们甚至可能会因为同事、朋友或家人认为我们"野心太大"或只专注于生活的某个领域，受到他们的打击而畏缩。

不管畏缩者出于什么原因把自己往目标的反方向推，结果却通常如出一辙。我想每个读这本书的人周围都会有这样一个人，也许你甚至可以目睹自己在生活的某个领域不战而降。一旦认定自己无法在某个领域前进或提升，且判定自己"无能为力"，你就会畏缩不前。"股市烂透了，我再也不投资股市了"——畏缩。"大多数婚姻都失败了，所以我要保持单身"——畏缩。"演艺界太难了，我还是当一辈子服务生好了"——畏缩。"就业市场很糟糕，没有人雇用员工，干脆我去申请失业救济吧"——畏缩。"我无法控制选举的结果，所以懒得去投票"——畏缩！请注意这些场景有一个共同点：它们仍然需要采取某种行动，哪怕只是做出决定。

畏缩的人会花大量时间为自己辩解。通常没人会和这些人费口舌，因为他们通常已经完全说服自己——这么做只是迫于生存所需。然后，他们将花费与成功人士创造成功一样多的精力来证明自己的决定是合情合理的。对这些人，你能做的最好的事就是给他们这本书，让其自行发现自己的畏缩行为。一旦人们看到了这四个级别的行动，并意识到每一个级别的行动都需要付出精力，他们可能会开始做出其他更明智的选择。毕竟，如果你怎样都要付出努力，为什么不朝着成功的方向努力呢？

常规行动

在当今社会中，大多数人都会选择采取常规行动。这群人从表面看来很"正常"，而且往往还小有成就。这种程度的行动催生了中产阶级，且暗藏巨大危险，因为它是被认为完全可以接受的。这群人终其一生都在用常规行动让自己看起来就像是一个普通人：生活顺遂偶有波折，婚姻美满偶有摩擦，事业顺利偶有烦忧。然而，他们做得远远不够，因而无法创造真正的成功。不幸的是，大部分员工都是如此。这样的经理、行政领导和公司泯然众人者居多，脱颖而出者鲜少。虽然这群人当中有些人可能在某时某刻会大放异彩，但几乎永远无法创造出举世震惊的成就。他们的目标是成为普通人——普通的婚姻、普通的健康状况、普通的事业和普通的财务状况。只要循规蹈矩地过好一生，不出大岔子，他们就没问题。只要一切稳稳当当且在预料之中，他们就不会给自己或他人找麻烦。

然而，一旦市场受创陷入失常，这些人会突然意识到自己身处险境。再者，如果人们在注定变化无常的情况下仍只是采取常规行动，那么，一切努力都成了徒劳。一个人遭遇生活、事业、婚姻、生意或财务状况挑战的情况屡见不鲜。如果一直以来都只采取常规行动，挑战就更容易找上门来。任何一系列的普通事件、财务问题或压力体验都可能导致那些信奉得过且过之人承受严重的压力，深受前路莫测的伤害。

普通的定义就是"比非凡差一些"。在某种程度上，这实际上只是对畏缩和不作为的另一种描述。它甚至考虑到了一个人明知自己的真正行动潜力，却敷衍了事所带来的负面心理影响。一个墨守成规但仍有余力做得更好的人，实则与**不作为者**和**畏缩者**无异。

要对自己坦诚：你是否用上了自己全部的精力和创造力？普通的学生、普通的婚姻、普通的孩子、普通的财务状况、普通的生意、普通的产品、普通的体型——谁真正渴望"普通"？想象一下，那些招徕我们去购买产品和服务的广告中使用了"普通"这个字眼："花普通的价钱就可以买到这种相当普通的产品，使用效果平平无奇。"谁会买这样的产品？人们当然不会费尽心思去寻觅普通乏味的商品并为之买单。"我们提供的烹饪课程保证让你成为一名普通的厨师。"我现在不用上课就能做到。"本周末有新电影上映——普通的导演，普通的表演，评论家们纷纷热议'两个小时的普通表演'。"哦，真是让人迫不及待想排队看这部"神剧"了！

采取常规行动是这四个行动级别中最危险的一个，因为这是社会最普遍接受的行动级别。这个行动级别得到了大众的认可，因此不采取正常行动的人无法获得将他们一举推上成功之巅所需要的关注。总有公司打电话给我，让我帮助其组织内部表现较差的人，但他们却忽视了在那些表现一般甚至最优秀的人当中，有些人仍未尽全力。比起唤醒那些不作为者和畏缩者，这本书更有可能唤醒"正常"行动者，因为不作为者甚至懒得去书店买这本书,而畏缩者甚至都不会踏足书店。那些采取常规行动的人会买这本书——希望他们会挣脱施加在其身上的魔咒,从中走出来。一个人只有从第三级行动升华到第四级行动,才能将普普通通的生活变得精彩非凡。

大量行动

尽管这听起来有些难以置信,但大量行动是我们所有人最自然的行动状态。看看孩子们,除非是生病或是身体不舒服,否则他们一直都在闹来闹去的。在我生命的头十年里的确如此,只有睡觉时才会安静一会儿。像大多数孩子一样,我一直都活力满满的,即便周围人皱着眉头,暗示我或许该消停一点儿。你是否也这样?你也是这么对待自己的孩子吗?

直到大人们开始告诉我不要这么做,否则我除了不停地倒腾,其他什么都不懂。即使是我们生活的宇宙,其中也蕴藏着瞬息万变的万事万物。潜入海洋,你会看到异彩纷呈的海底世界。就在你行走的这颗星球的地壳下,活动周而复始、永不停歇。瞧瞧蚂蚁丘或蜂巢里,你会看到生物群体的生息繁衍,以确保它们未来的生存。在这些环境中,你很难找到那些僵死和放任自流的生物。

我父亲是一个非常努力的员工,也是一个严格自律的行动派。不幸的是,他在我10岁的时候就去世了,这对我而言不啻当头一棒。现在回想起来,这件事也许就是一个契机,使我成为一个一蹶不振的畏缩者。与此同时,我把**很多**精力都花在了自己本并不该关注的地方:酒精和其他一大堆无用的活动。这种情况一直持续到高中和大学,一路走来，我失去了很多。我逐渐远离了那些对我有益的事情，把心思都花在了有害无益的事情上。我也不一定是懒惰或缺乏动力，只是缺乏正确的方向，没有人告诉我该如何与生活抗争。

在那段日子里，我百无聊赖、没有目标，着魔般地将大量精力花在一些毫无益处的事情上。我想这是大多数人在人生某个阶段都要经历的事情，我只是更早地经历了这种动荡。

前面提到，我在 25 岁时经历了一次重大的觉醒。那时我知道自己必须改变方向，否则终将陷入万劫不复的境地。因此，我下决心，洗心革面，去创造成功。既然蹉跎青春已经让我身心疲累，何不把精力花在更有意义的地方呢？尽管父亲已经过世 15 年了，但他仍然是我的楷模。爱岗敬业的父亲愿意尽一切努力去养家糊口，追求成功，好像这就是他真正的责任和使命。我确信他很享受这些成就带来的经济回报与个人成就感；然而，我也清楚，他认为这是他对家庭、社会、自己的名声，甚至是上帝的责任。只是父亲不幸英年早逝！

终于，从迷茫混沌中苏醒之后，我将所有精力投入到了事业上。从 25 岁起，我一直坚持做的一件正确的事，就是用大量的行动来处理摆在面前的任何任务——无论是我的第一份销售工作，还是创立的首个公司，都是如此。从来没有畏缩，没有坐以待毙，或是像普通人一般墨守成规，而是持续不断、坚持不懈地向目标发动大规模进攻。

大量行动实际上创造了一系列新问题，而只有创造了问题，你才算是真正步入了第四级行动阶段。我 29 岁开始商务培训事业时，借助 10 倍法则为自己打响名号。我会在早晨 7 点开始一天的工作，晚上 9 点才回到酒店。整天给各种公司打推销电话，主动要求给他们的销售和管理团队做报告。我会在一天内拜访多达 40 个组织机构。我记得在得克萨斯州（Texas）的埃尔·帕索市（El Paso）——一个我从未去过、人生地不熟的城市，不到两周，我就探遍了市场上的每一家商户。虽然没有成功地让每个人都成为自己的客户，但我确实通过采取大量行动收获了更多的业务，这是循规蹈矩所不能比拟的。

一位房地产经纪人曾经与我一同出行，观察我如何发展业务。在形影不离地跟了我三天后，他不得不承认："我连一天都没法再坚持下去了。只是和你同坐一辆车就把我给累坏了。"这正是我对待每一天的生活态度：仿佛我的生活取决于自己所采取的行动。如果不确定已经尽己所能地见过那座城市里的每一个商家，我是断然不会离开的。比起我做过的其他事情，向其他公司"上门推销"使我积累更多关于采取大量行动的经验，而且这对我其他的风险项目而言大有裨益。

在采取大量行动时，你不会考虑自己工作了多少小时。当你开始采取大量行动时，你的心态会改变，结果也会改变。这么做最终促使你有可能要另辟蹊径或调整进度，因此，例行公事的日子将一去不复返。直至后来，我对行动力的坚持也未曾消减，直到有一天，它对我而言已成为一种稀松平常的习惯。有趣的是，很多人会说："你为什么这么晚还在外面？""你周六来拜访我们干什么？""你从不放弃，是吗？""希望我的员工也能这样工作。"有人甚至会问："你在死磕什么？"我确实是在和什么死磕——我把成功视作自己的责任、义务和职责，大量行动就是我的王牌。采取大量行动释放的信号就是引发旁人对你行动水平的热议与钦佩。

然而，当你采取第四级行动的时候，不能沉迷于这些恭维和吹捧，也不能计较工作了多少小时，甚至赚多少钱，相反，你必须认真对待每一天，就好像你的人生和未来取决于自己采取大量行动的能力。刚开始创业时，我**不得不**让生意运转起来，除此之外没有第二条路！如果想让别人了解我和我的产品，那么我必须**做**很多事情，无须二话。问题不在于竞争，而在于缺乏名气，当时甚至没有人知道我是谁。这是我在创办每一个企业的过程中都会遇到的最大问题，我想这也是大多数企业家都会面临的一个问题。人们不了解你或你的新产品，要打破默默无闻的局面，唯一的方法就是采取大量行动。我没有钱投广告，所以就拼命寄信、发电子邮件、打电话推销、回复电话、登门拜访，不厌其烦地致电。听起来就让人筋疲力尽，实际上也是如此。然而，它带来的确定性和安全感，或许比任何其他教育或培训都要多。

由于行动的坚定不移，我被冠以很多外号——工作狂、痴人、强迫症、贪得无厌，甚至是吹毛求疵。然而，每次给我贴上标签的，总是那些行为都够不上大量行动级别的人。我从来没有遇到哪个比我更成功的人士对此有所疑义，因为成功人士知道实现这样的成功需要什么。他们对如何抵达心中的目的地了然于胸，而且无论如何，他们从不会认为大量行动是不可取的。

采取大量行动意味着做出一些略微不合常理的选择，然后趁势追击，跟进这些选择。这种行动水平远远超出了约定俗成的社会规范，甚至会招致误解和新问题。但请记住：如果没有制造出新问题，那就意味着你采取的行动还不够。

当你开始采取大量行动时，做好可能被人批评和贴标签的心理准备吧。当你开始崭露头角的时候，就会立即招致平庸之辈的指手画脚。没有采取大量行动的人会因你的积极行动而产生危机感，并且排挤你、攻击你，以此来坚持自己的主张。这些人不能容忍看到别人积极行动并取得成功,会竭尽全力阻止他人这么做。而一个理智的人则会跟上你的步伐,将自己提升到同样的水平;一个平庸的人则会告诉你,你是在浪费时间,这在你的行业是行不通的,客户是不会感兴趣的,你会把工作伙伴吓跑等。甚至管理层偶尔也会劝阻员工别做这种费心费力的事。身处以下情境,你就会知道自己已经开始了大量行动:①为自己制造新问题;②开始受到他人的批评和警告。即便如此,也要坚定不移地付诸行动。这将让你摆脱一直以来被灌输和接受的平庸的幻象。

为了兑现自己在采取大量行动方面的承诺,你必须抓住每一个出现在自己眼前的机会。例如,我的妻子是个演员。我一直告诉她所有试镜都可以去试一试,不管自己是否准备好了,也不管自认为这个角色是否适合。就算试镜失败,也总比当个小透明要强!"但要是我演砸了该怎么办?"我的妻子问我。我告诉她:"好莱坞遍地都是糟糕的演员,他们不也没丢饭碗吗?"也许他们不会选择让你出演试镜的那个角色,但会发现你非常适合另外一个角色。要用不同的角度去发现、思索和考虑你的目标。你唯一的问题是缺乏名气,而不是缺乏天赋。为了你选择为之奋斗的事业能蒸蒸日上,你必须持续不断、坚持不懈地付诸努力。采取大量行动永远有益无害。从这个角度讲,数量比质量更为重要。获得关注会带来财富和影响力,所以谁采取的行动最多,谁就能获得最多关注,迟早都会收获最丰硕的成果。

没有人会找上门来让你的梦想成真。没有人会闯进你公司,让你的产品变得众所周知。为了脱颖而出,甚至仅仅是为了让客户能够考虑一下你的产品、服务和机构,你必须采取大量行动。我在自己之前撰写的一本书《勇争第一,不甘人后》中谈到了主导的重要性。我说的主导，指的不是身体上的主导，而是指在公众心智上占据一席之地，这样一来，当人们想到你的产品、服务或行业时，他们就会想到**你**。将大量行动作为一项纪律来执行，将帮助你打破缺乏名气的窘境，提高你的市场价值，并帮助你在任何选定的领域取得成功。

练习

在人生中,你何时采取了大量行动并取得了胜利?

_____
_____
_____
_____

当你采取大量行动时,会立即创造出什么?

_____
_____
_____
_____

你猜想那些不采取大量行动的人,会对那些采取大量行动的人说些什么?

_____
_____
_____
_____

当你开始采取大量行动时,还会发生什么事情?

_____
_____
_____
_____

第 8 章
平庸是错误之策

环顾四周，你可能会看到一个普通而平庸的世界。尽管正如我之前所言，这种被认为"可接受"的行动水平催生了崇尚中庸的群体，但不断涌现的证据表明，这种思维是行不通的。就业机会流失到海外，失业潮一浪高过一浪。这些崇尚中庸之道的群体焦头烂额却依然束手无策；养老金捉襟见肘；平庸的产品、平庸的管理、平庸的员工、平庸的行动、平庸的思维，让整个公司甚至行业面临灭顶之灾。

这种"普通癖"可能会扼杀你梦想成真的可能。请思考以下统计数据：普通员工平均每年读不到一本书，平均每周工作 37.5 小时。这样一个普通人赚的钱仅仅是美国顶级首席执行官的 1/319，而那些首席执行官自称每年读超过 60 本书籍。在财务上成绩斐然的高管里，有许多人因为收入颇丰而备受非议；然而，我们常常没能看到这些人一路走来所付出的诸多努力。他们看起来并不总是在拼命工作，于是我们便经常忽略了一个事实：他们通过某种方式，进入好学校，打造好人脉，然后采取必要措施一步步爬上食物链顶端。而这一切都需要他们付诸大量行动。你可以选择愤愤不平，但这并不能改变这些人享受成功回报的事实。

在 2008 年经济遭受重创后，星巴克（Starbucks）创始人霍华德·舒尔茨（Howard Schultz）和几乎所有美国首席执行官一样，开始削减开支，关停业绩不良的分店。然后他做了大多数首席执行官**没有做**的事情：走遍全国，去接触星巴克的顾客。遣散表现平庸的员工之后，身家数十亿美元的舒尔茨又亲自到访门店，与前来喝咖啡的顾客面对面，以了解星巴克如何才能更好地满足顾客需求。尽管媒体对此没有做太多报道，但这一系列举动相当令人震惊。一个管理者披星戴月在全国各地奔波，只为了从购买他们产品的顾客那里得到反馈。这就是拥抱"超常规"思考和行动的最佳佐证。这显然超出了市场和所有顾客的预期，也远远超过了一个首席执行官的常规行为。然而，这样的行为为星巴克带来了非常稳定、强劲的增长势头，股价就是最好的证明。

星巴克的产品并非必需品，在经济困难时期尤为如此。然而，该公司销售额持续增长，品牌知名度和投资回报持续提升。这表明了尽管产品质量很重要，但员工才是制胜的关键。舒尔茨对如何处理这种情况了然于胸。尽管经济衰退、暂时萎缩，他仍然设法"拓展"了企业。所谓"拓展"不一定是开设更多分店，也可以是通过投入自己的精力、资源，发挥创造力来采取大量行动，遍访每个门店并与大量顾客接触，提升品牌认知和品牌营收。

不管是什么任务，倘若抱着普普通通、得过且过的心态，迟早会遭遇滑铁卢。仅仅是循规蹈矩，无法完成任务。多数人采取的正常行动水平没有考虑到各种因素的影响，如项目的重要性、年龄、阻力、时机和意外情况。当平庸的行动遭遇任何阻力，如竞争、兴趣减退或市场匮乏、负面影响或挑战，甚至是所有这些因素叠加时，你会发现手上的项目变得摇摇欲坠。

最后，也要考虑到，有时候某些个人和团体拧成一股绳，实际上可能会成为阻碍你付诸努力的绊脚石。我没有被害妄想症，也并非生活在恐惧当中，但我知道有这么一群人的存在，为此我付出了昂贵的代价，得到了深刻的教训。我曾经接触过这种人，当时他们声称要与我合伙。然而，他们从来都没有想过把我当作合伙人，而是从一开始就打算从我这里窃走成功的果实。我始料未及，实际上，他们着实将我多年的努力洗劫一空。所以，听听过来人的肺腑之言吧——不是每件事都在你的计划之内，总会有人试图从你这里窃取他们自己创造不出来的胜利果实。

当我回过头来试图分析这一系列犯罪行径时，我意识到自己当时之所以轻易地被这些犯罪分子诱惑，是因为我不再保有 10 倍的行动力。这真真切切地让我明白了一个事实，那就是，当我开始安于现状，认为自己可以松懈一点儿的时候，我就让自己沦为了猎物。我们几乎不可能做到万事都未雨绸缪，相反，我们在有生之年会经历各种特殊情况，有些来者不善，有些糟糕闹心。在这种情况下，最好的谋划方式就是将思考和行动调整到 10 倍的水平上来。创造辉煌成就，让任何人、任何事件或任何行差踏错都无法撼动你！在任何事情上仅满足于平庸会让你大失所望，或者至少会让你处于危险之中！此外，如果创造出超额的成功，那么你总能做到游刃有余，即使在那些无法自行创造成功的人试图从你这里窃取成功的情况下也是如此。

尽管在别人眼里，我那些年成绩斐然，但我内心深知自己早已丧失了积极的行动力。可想而知，这些人盯上了我，从我身上薅到了羊毛。这是非常令人羞愧的挫折，也给我上了昂贵的一课。但它让我幡然醒悟，意识到仅仅是常规水平的投入和行动永远也无法保证自己安全无虞。一旦你这么做了，我向你保证，你所拥有的一切和所有的梦想都将灰飞烟灭。对你的健康、婚姻、财富和精神状态而言,也是同理。常规的行动带来的就是常规的回报。

我们来看看平庸的思考和行动将给你带来什么——普通的问题很快会演变成严重的问题。如果你还能多活20年,积蓄却所剩无几,怎么办?因为某些家庭成员没有采取10倍思考和10倍行动,我们当中许多人将不得不担负起照顾他们的重任。要是出现长期的健康问题或发生预料之外的突发经济状况呢?如果所有人都用平庸的思考制定财务规划,在遇到长期经济困难或数十年长期失业的情况时,将会发生什么?采取平庸的思考是错误的规划方式!

在**任何**生活领域,普普通通都无济于事。任何事物,如果只给予普通关注,将逐渐陷入沉寂,最终销声匿迹。只有那些不满足于普普通通,并用这种态度对待一切的公司、行业、产品和个人,才能一再续写辉煌成就。你需要调整自己的任务目标和思维,以超越一切平庸的想法。我保证一旦你这么做了,生活的其他领域也会旋即受到影响。你的亲朋好友会开始改变,结果会向好的方向发展,你会发现自己运气变好,可能会觉得时间飞逝,而你的人际关系会因为自己采取的行动而逐渐改善。

平庸也是大多数新公司夭折的罪魁祸首。几个人聚在一起,想出一个好点子,然后写一份商业计划,开一家公司,臆测一切顺风顺水,甚至还会做出自认为保守的预测。有人说:"假设我们向10个人展示产品,至少能卖给3个人。这个预测既保守又现实。"小组中如果有人提出:"保险起见,还是把这个数字砍掉一半。照这么算,我们能做到吗?"他们就会得出结论,即使按照更为保守的计划,都胜券在握。然而,他们误判了仅要做到第一步向10个人推销产品,就得拜访多少客户。即便是世界上最棒的产品，也可能需要打100个电话才能得到10次面见客户的机会。即使你精心策划项目，步步为营，也不意味着你就能如愿以偿。其他人有自己的行程、产品和项目。仅仅是争取机会与潜在的客户见面就需要付出巨大的努力和毅力。大多数人制订商业计划是基于普通的思考和思维方式，而不是基于推进商业计划需要多少行动。

当各种创意汇聚碰撞时，提出创意的人满腔热情，难抑激动，这会对这些创意造成影响。许多负面因素，如竞争、经济环境、市场状况、生产情况、贷款、资金筹集、客户关注的其他项目等，都被设定在大家认为正常或平均的难度水平上。然后，当乐观的预测被现实打脸，即使是最保守的目标也无法达成。某个关键合作伙伴可能会抱恙，经济可能出现剧烈波动，或者某些全球性事件可能会发生并在接下来的半年里转移大家的注意力。风险项目的参与者热情开始消退，争吵接踵而至。随着一切陷入预料之外的重重困境，失败逐渐露出獠牙。合伙人的投入超出预期，却颗粒无收。这些抱着天真想法的人当中有人开始重新考虑，犹豫着或许该退出，因为团队的成员似乎在精神上、情感上、身体上都没有准备好要采取必要的大量行动来克服市场阻力。

在这种情况下，为了解决入不敷出的问题，团队成员试图向朋友举债筹钱，却四处碰壁。这时他们意识到，对大多数人来说，提升行动力，坚持不懈地投入"不合常理"的10倍行动越发困难。这一点在商业计划中虽然没有提及，然而却是完成项目必不可少的。因为没有正确估计让项目正常运转所需的10倍思考和行动，团队合伙人们开始认定，解决公司燃眉之急的办法不是提升行动力，而是筹措资金。

平庸这一概念假定一切顺顺当当——当然，这是不对的。人们过于乐观地高估了事情的进展，却低估了仅仅是推动事情进展就需要耗费多少精力和努力。所有成功的商业人士都会支持这个观点。你不能以常规的重要性、阻力程度、竞争情况和市场条件为基准开展训练和备战。不要抱着平庸的思维，应该有大格局。如果你每天要背负一个1000磅重的背包，那么就假设自己的任务是在风速达40英里/小时的环境中，沿着20度的陡坡负重行进。做好准备，积极行动并坚持不懈，胜利之神终将垂青于你！

大多数企业失败的原因在于它们无法以足够高的价格出售创意、产品和服务，以维持公司运转并为公司各项活动输血。这样的公司营收惨淡，因为包括员工、客户和供应商在内的一众公司利益相关者在行动力上也是普普通通的。

平庸的因造就平庸的果，很多时候甚至连平庸的果都算不上。平庸的思考和行动只会让你饱尝不幸、不确定和失败的苦果。摆脱一切平庸，包括平庸的建议和平庸的朋友。听起来太咄咄逼人了？记住，成功是你的责任、义务和职责。既然成功不是稀缺品，那么你给自己施加的任何显而易见的限制可能都要归咎于平庸的思考和行动。摆脱一切平庸的想法。研究普通人的行为，禁止自己和团队选择平庸。与出色的思想家和实干家为伍。让亲朋好友和同事都知道，你将平庸视作不治之症。记住，平庸无法让你活出精彩。查查平庸这个词，看看这个词对你而言意味着什么——普通的、一般的、常见的。这应该足以劝退你继续抱有这样的想法。

| 练习 |

写下那些你认识的、在行动上平庸的人。
_____
_____
_____

写下你人生中三次因平庸的行为而导致失利的经历。
_____
_____
_____
_____
_____

写下你知道的杰出人士的名字,并描述他们如何异于常人。
_____
_____
_____

查找平庸(作为形容词)的定义,并将其写在这里。
_____
_____
_____

第 9 章
10 倍目标

我认为，人们无法坚持并实现目标的一大根源在于没有从一开始就设定足够高的目标。我读过很多关于目标设定的书，甚至参加过相关的培训，也经常看到人们虽然设定了目标，但要么不采取行动，要么半途而废。我们大多数人经常被告诫，不要把目标定得"太高"。可事实是，如果你的目标设定的微不足道，往往最终的结果也是微不足道的。不能高瞻远瞩的人通常也不会有足够积极、足够频繁、足够坚持的**行动**！毕竟，谁会对所谓"脚踏实地"的目标感到热血沸腾？谁又会对任何充其量只能算普通的回报保持一腔热血呢？这就是为什么人们一旦受挫就轻易放弃项目的原因——他们的目标不够远大。为了保持满腔热忱，你必须设定足够远大的目标，让自己全神贯注。设定平平无奇且脚踏实地的目标的人几乎总是难逃失败的魔咒，因为他们制定这样的目标之后无法提起精神用必要的行动推动目标的实现。

事实上，大多数人对个人目标漠不关心，充其量只是每年设定一次目标。然而在我看来，值得去做的事每年不能只做一两次。与生死攸关的事情，总是需要日积月累的行动。这就是为什么我总是确保要做两件事：①每天都写下自己的目标；②选择那些可望而不可即的目标。这让我充分挖掘自己的潜力，并在日常生活中尽己所能去推动自己的行动。有些人认为，设定不可能的目标可能会导致人们大失所望，失去兴趣。但如果你的目标太小，小到甚至不需要天天惦记，那么兴趣的火苗迟早有一天要熄灭！

这儿有个好办法，就是把目标当作已经实现的事实一样进行表述。我在床边放了一本便笺簿，这样就可以在每天早上起床后第一时间和晚上临睡前记下自己的目标。我还在办公室放了一本便笺簿，记录新增和完善后的目标。下面列举我目前正努力实现的若干目标，以及对这些目标的表达方式。请注意，这些目标虽然尚未实现，但我还是将其当作已经实现的事实一样去表述。

拥有超过 5000 套公寓，带来超过 12% 的现金流回报。

身体健康。

净资产超过 1 亿美元。

每月收入超过 100 万美元。

撰写并出版不少于 12 本畅销书。

婚姻幸福甜蜜，成为他人的楷模。

对妻子的爱与日俱增。

有两个健康漂亮的孩子。

别人欠我的债，但我身无负债。

有一个漂亮的海景房，无须支付房贷。

在科罗拉多州拥有一个牧场，那里有我梦寐以求的醉人的山间风光，骏马驰逐。

拥有属于自己的公司，可以远程控制，同事出色能干，与我配合默契。

我的孩子与诚实善良勤奋的同学为友。

在自己所在的社区和政治领域有着积极影响。

持续创造人们渴望、能改善他们生活质量的独特项目。

对自己的事业永葆兴趣和干劲。

参与一个已经播出了五季的热门电视节目。

成为教会的最大捐赠者之一。

请记住，这些是我个人的一些目标，仅用于向你示范该如何表述目标。此外还要注意，它们都是尚未实现的目标，而非已经实现的事情。

设定平庸的目标不能也不会催生10倍的行动。如果你用平庸的思考处理一项任务，那么一旦遇到任何艰难险阻或恶劣环境，你就会想放弃——除非有强大且颇具吸引力的目标作为推动力。为了克服千难万阻，你必须拥有足够强大的理由。目标越远大，越不能实现，目的和责任越一致，就越能激励你行动。

例如，假设我想在银行账户里储蓄1亿美元。我需要这么多钱吗？并没有！但这是一个目标——它越远大，越具吸引力，就越有可能激励我克服千难万阻，朝着正确的方向前进。如果想为自己的目标注入更多能量，就要确保它们与更大的目的挂钩。例如，有人想赚钱，却没想好这些钱用来做什么，可能后来虽然也赚了钱，但也只是白白浪费掉了。因此，当你设定目标时，要确保自己清楚其背后的目的，然后将它与一个更大的目的联系起来。设定目标时，要高瞻远瞩。许多人把钱作为目标，制定存钱的目标，但随后却将创造出来的财富挥霍殆尽。看看有多少人一心想着发财，后来也发了财，但离开人世之际却沦落到穷困潦倒的境地。因此，让目标保持一致将给你带来实实在在的好处。假设我有一个目标是攒够1亿美元，另一个目标可能就是用这笔钱资助自己所在的社区和相关项目，以改善人们的生活条件。这就是一个如何将目标联系起来的例子，这么做能够鞭策、驱动自己采取行动，实现所有的目标。

我早期曾在麦当劳工作。我讨厌那份工作，但并不是因为麦当劳本身。我讨厌它，是因为它与我的目标相去甚远。我身边的一位工友却乐在其中，因为这份工作符合他的目标。我每小时赚 7 美元，目的是赚点零花钱；而他每小时也赚 7 美元，但他想学习业务，开 100 家特许经营店。他无法理解我为什么打不起精神，我也无法理解他为什么总是像被打了鸡血。后来我被"炒了鱿鱼"，而他继续在开办特许经营店的路上高歌猛进。目标的存在，是为了推动你采取必要的行动，因此你要经常制定远大的目标，然后将它们与其他更大的目的挂钩。

扪心自问，你所设定的目标是否与自己的潜力相匹配。大多数人会承认他们设定的目标远不及自己的潜力，因为世界上大多数人都在他人的说服甚至教育之下设定了触手可及、可实现的小目标。如果你是一位家长，我相信你曾经向孩子提出过这样的建议，抑或曾经从你的父母或者工作环境中听到过这样的建议。但我要说的是，永远不要设定现实的目标；要过上现实的生活，压根就不需要设定什么目标。

我着实对"现实"这个词嗤之以鼻，因为它是基于其他人（很有可能是那些采取前三级行动的人）已经达到并认为可能的事情。现实思维是基于他人认为的可能性，可这些人不是你，也无从知晓你的潜力和目标。如果你要根据别人的想法来设定目标，那么一定要站在巨人的肩膀上。这些人会第一时间告诉你："长江后浪推前浪，不要以我的成就来设定你自己的目标。"但是如果你以世界上那些杰出人士为参照来设定目标呢？例如，史蒂夫·乔布斯的目标是引爆宇宙的一记惊雷——创造出改变世界的产品。看看他对苹果公司和皮克斯动画工作室（Pixar）倾注的心血。如果你要效仿他人设定目标，那么至少要选择那些已经成绩斐然的巨人。

许多人发现自己处于目前的处境，正是因为效仿了其他平庸之辈的做法。大多数人上大学不是出于本愿，而是因为别人告诉他们要这么做。大多数人只说家里通用的语言，从不花时间学习另一种语言。我们大多数人都受到父母、师长和朋友所做的决定，以及他们为我们设置的限制的影响。我敢打赌，如果询问与你最亲近的五个人都有什么目标，可能也可以从中发现一些和你一样的目标。你和你的目标都会受到周遭环境的影响。

我永远不会告诉他人应该设立什么样的目标。然而，我会建议他们，在确立目标时，要考虑到自己所受的教育是有局限性的。要意识到这一点，这样你就不会低估自己的可能性。然后考虑以下几点：①你是为自己设定目标，不是为别人设定目标；②一切皆有可能；③你的潜力超乎自己的想象；④成功是你的责任、义务和职责；⑤成功不是稀缺品；⑥无论目标大小，都需要付诸努力。回顾这些要点之后，再坐下来写下你的目标。然后乐此不疲地日复一日重写这些目标，直至目标实现。

如果低估了自己的潜力，就不可能设定适当的目标。如果将目标定得太小，就无法为采取必要的大量行动做好充分准备。我知道10倍法则并不适合所有人。它显然不适合甘愿接受平庸的人，也不适合那些好逸恶劳、安于现状的人，还不适合那些将成功寄托于虚幻的愿望和祈祷的人。10倍法则是为少数痴迷于创造非凡生活，想要将主动权掌握在自己手里的人打造的。10倍法则将运气和偶然性从你的商业计划中剔除，并向你展示了要抱着什么样的心态才能锁定胜局。

请思考以下情景：假设你正在设定个人财务目标。2009年，美国总统提出，年收入超过25万美元的人应该被认定为富人。按照目前的情况，你至少应支付10万美元的税收，实际到手收入为剩下的15万美元。在你买了两辆车，支付了抵押贷款、财产税，以及孩子的衣食住行和教育费用之后，可能还剩下2万美元。如果你每年都把这笔钱存起来，20年后，最终大约能攒下40万美元——前提是没有什么意外发生。现在再考虑这样一个实际情况，你和伴侣双方的父母并没有为自己做好退休规划，他们退休后大约有15年的时间要依赖你来为他们养老。如果任何一方父母出现这种情况，你很快就会发现低估了自己的财务目标，但此时为时已晚。你会为了应付捉襟见肘的财务状况而焦头烂额，无暇顾及财富积累。别忘了，除了照顾父母，你还必须为自己准备养老钱。这还是假设生活成本没有增加，也没有意外、紧急事件和重大事件发生的情况。如果再加上近几年发生的意外事件，你会发现90%的人低估了保障正常生活的目标，更别提"诗和远方"了。思维的局限性迟早会让我们付出代价。

世人倾向于低估将要面对的一切，这样的思维根深蒂固。美国顶尖商学院将投资不足列为企业失败的一个主要原因。这是由于公司误估了产品在风靡之前要花掉多少钱——这个例子也再次证实了平庸的思维是行不通的。

我人生中最大的遗憾不是没有拼命工作——我的确一直在拼命工作。我最大的遗憾在于没有从一开始就将目标设定在自认为能达到的目标的10倍水平。为什么这么说呢？因为我的目标在很大程度上受到了成长方式的限制和影响。我没有责怪任何人的意思，只是在陈述一个事实而已。我职业生涯的前30年都致力于如何正确地投入10倍努力，在接下来的25年里，我将把时间花在如何正确设定10倍目标上。因此，我建议你采取以下措施：

1. 设定10倍目标。
2. 让这些目标与你的其他目标保持一致。
3. 每天在你醒来时和睡觉前都把它们写下来。

| 练习 |

写下你的成长经历是如何影响自己的目标设定的。
_____
_____
_____
_____

你会设定哪些自己明知可以实现的目标?
_____
_____
_____
_____

还有哪些目标(或目的)与你的主要目标一致,可以进一步推动你的行动?
_____
_____
_____
_____

看看我前面列出的目标清单,这些目标有哪两个共同点?
_____
_____
_____
_____

第 10 章
竞争是胆小鬼的游戏

竞争于我们有益，这是人类一直存在的一大误区。竞争到底对谁有好处？它可能有助于为客户提供多种选择，并迫使竞争者精益求精。然而，在商界中，你总是希望处于**主导**地位，而非竞争地位。俗话说："竞争有益。"但这句话现在得改一改："如果竞争有益，那么主导就是免疫！"

据我观察，与他人竞争会限制一个人的创造性思维能力，因为这个人会一直观察别人在做什么。我初次创业一举成功，是因为我打造的销售方案里采用的是一种实打实的原创销售方式，根本没有竞争对手。这显然是一种新的销售思维和方法。在过去的 200 年里，人们做的无非是跟风模仿。因此我抛开竞争，通过自己的行动创造了一个名为"信息辅助销售（Information-Assisted Selling）"的全新销售流程。这一切发生在互联网时代到来之前，当时消费者尚无法便捷地获取信息。那时我预测卖家将不得不抛弃旧的销售方式，学会利用信息为自己的销售助攻。尽管我走在时代的前面，同时固守传统思维的人也在互联网开始掀开巨大变革之际负隅顽抗，但信息辅助销售后来成为一种销售方式，而我的竞争对手们只能抱残守缺，守着过时的系统和流程。最终我脱颖而出，因为全新的事物总让人热血沸腾。具有前瞻思维的人不会跟在别人后面亦步亦趋。他们不选择竞争，而是创造。他们也不关注别人做了什么。

永远不要把**竞争**作为你的目标，相反，竭尽所能在行业占据主导地位，以避免跟在别人后面穷追不舍，浪费时间。不要让其他公司来设定节奏，而是把设定节奏的主动权攥在己方手里。保持领先，让别人将你视作追逐和效仿的对象，而不是去跟随别人。这并不意味着不应该研究别人在推动行业趋势方面的优秀经验，而是说你要在此基础上更上一层楼，并将此视作己任。比如，苹果公司制造电脑和智能手机，但它不是简单地复制戴尔（Dell）、国际商业机器公司（IBM）、捷讯移动（Rimm）和其他公司的做法。苹果公司不竞争，而是占据主导地位，由它来设定节奏，让其他公司争相复制它的成功。不要将你的目标设定在会引发竞争的水平上，而要将它们设置在形成行业主导地位、令他人难以望其项背的水平上。

你可能会想，怎么形成主导地位？第一步就是下定决心。此外，形成主导的最佳方式是做别人不愿意做的事。没错，做别人不会去做的事。这会让你迅速占据一席之地，形成独特优势。在这里，我要明确一点：如果可以，我想要创造一个**独特**优势。尽管我恪守商业道德，但我从不按部就班。我想方设法让自己获得独特优势。要做到这一点，有个可靠的方法就是做别人不会做的事情。找到一些别人因规模限制、另有任务等原因而不能做的事情，然后加以利用。也许在经济前景不明朗的情况下，别人在削减开支。这就可能会是你向别人缩减规模的领域大举扩张的良机。与我合作的一家植牙机构的人告诉我，他们行业的龙头公司砍掉了差旅费，选择通过电话和互联网渠道联系客户。为了获得竞争优势，我们决定反其道而行之，在与客户面对面接触这方面占据主导地位。是主导——不是竞争！

永远不要随波逐流，循规蹈矩。任何团体或行业的规则、规范和传统通常都是阻碍新思想、伟大成就和形成主导地位的枷锁。你不是仅仅要参与角逐，而是要在客户心目中占据关键的一席之地，甚至要是能成为他们心目中唯一提供可行的解决方案的人，那就更好了。你需要抱着这样的态度：在行业里拥有巨大影响力，令客户、市场，甚至是竞争对手一想到你所从事的行业，就自然而然会先想到你。在这一方面，国际商业机器公司就是一个典范，以至于所有的个人电脑都被称为 IBM。施乐公司（Xerox）也曾经成功地做到了这一点。有一段时间，"施乐"俨然成了复印机的代名词。这和商标保护没什么关系，就是纯粹地在行业内形成了主导。我们销售培训公司的目标不是与其他公司在收入或客户方面相互竞争。我们的目标真的就是确保地球上的每个人都把格兰特·卡登和销售培训画上等号。这个目标能否实现？或许不能，但这是我们用来帮助自己做决策的目标。我们并不依靠竞争在行业中脱颖而出。我们的目标是在大家心目中占据主导地位，让我的名字成为销售培训的代名词。在谷歌上搜索"销售动机"这个词，首先映入眼帘的就是我的视频。这就是面对各行各业、各种目标和任务的办法——彻彻底底地成为主人翁。

你可以一直向那些渴望在竞争中一马当先的人学习，但是别追着他们跑。据说，沃尔玛（Wal-Mart）的创始人山姆·沃尔顿（Sam Walton）每周都会去其他商店购物，看看别人有什么有效的措施，并加以借鉴。同时，他也是怀揣着主导的目标，而非以竞争为目的。想要复制别人的成功经验，那么就埋头苦干，坚定捍卫，把它变成你的经验。博采众长，为己所用。坚持这么做，直到你成为某个领域的专家和领头羊，形成强势主导，达到让人甚至都不想要撼动的程度。你不一定是开天辟地的那个人，关键是要成为众人眼中的领头羊——希望你能明白二者的区别。你要通过坚持不懈的行动向市场传递这样的信息："没有人能追得上我的步伐；我不会离开；我不是场上的竞争者，我自身就是这个赛场。"

大多数人的财力不如某些业内领先企业来得雄厚。即使财力不及他人，也并不意味着你就处于劣势。尽管他们或许能比你砸更多钱，造更大的广告攻势，但你绝对可以利用社交媒体、走访客户、电子邮件和人脉等资源超越他们。利用你手中的资源发动攻势。你不缺精力、努力、创造力，也不乏与客户的接触。使用各种各样的广告宣传组合拳，包括特价、数据化、视频、链接、第三方认证、电子邮件、电话和走访等，来对抗巨头们常用的那些昂贵但往往无甚用处的广告宣传活动。**警示**：当你利用种种活动反制财大气粗的竞争者时，**不要低估了被人关注到并持续被关注需要付出多少努力**。例如，有人认为可以每天在脸书或推特（Twitter）上发两次帖子，这样就能见效。如果你也这样想，那么你应该没有理解大量行动的含义。如果你认为发几个帖子就能让别人注意到你，那么你显然低估了互联网的规模。与其他业务发展渠道一样，你必须不厌其烦地出现，让大家明确地知道你一直都在。

社交媒体的好处是，任何人，无论财务状况如何，都可以参与其中。它释放了无限的创造力，但只有那些始终如一地坚持使用的用户才能得到回报。开始玩社交媒体时，我每天发两次帖子。我不知道自己当时脑子里在想什么——我几乎是"不假思索"地发帖。也是从那时起，我们开始每月发送一次电子邮件广告，并且发现有些人给我们发来回复，要求我们将其从电子邮件广告的发送名单中删除。同事们劝我放弃。就在那一刻，我犹如醍醐灌顶。我并没有退缩，而是下令将发帖量增加到原来的10倍，接着指示员工将电子邮件广告的发送频率从每月一次提高到每周两次（提升至原来的8倍）。此外，我开始每天在推特上以个人名义发布48次评论（每30分钟一次）。每一条评论都由我亲手炮制，并被设置在特定的时间点发布。尽管你可能会认为，伴随着大规模广告攻势而来的应该是更大量的投诉和"退订"请求，然而事实并非如此。相反，我们开始收到一些电子邮件和帖子，对我的积极行动表示钦佩，并称赞我愿意无偿为人们提供销售和激励方面的信息的举动。这时，诸如此类的问题也像潮水一样涌进来："你怎么能够做到这一切？你有多少员工？哪儿来的时间？你休息过吗？"而每一个评论的人背后，肯定还有成百上千个跟他有类似想法的人……那么，你觉得他们脑子里想的是谁？做到这一切，并不需要花很多钱，只需要付出精力、努力和创造力即可。就在我这么做的同时，有一个大多数人都将我与之相提并论的人被问及对社交媒体的看法。他给出的回应是："我还在评估考量。"当他在评估的时候，我已经把它玩得滚瓜烂熟了。有一天我还在推特上发了个帖："我快要把推特变成自己的'小情人'了。"

这个例子淋漓尽致地展示了采取超越常理的思考和行动，以及形成主导地位并不需要花钱。从这样的角度去看待主导的思维：不渗透市场就无法形成主导，不借助适量的行动就无法渗透市场。你最大的问题是缺乏名气——别人不认识你，自然也不会想到你。

对我们所有人而言，还有一个问题就是要屏蔽市场上的噪声。你必须做两件事：引起别人的注意和屏蔽别人的噪声。从我个人经历的角度而言，如果我们为了让少数抱怨的人满意而决定放弃，就无法拓展客户群体。我发的帖子越多，喜欢我们的人也就越多。我们付出越多的努力，就能帮助越多的人。当我们的新项目引发热议时，我甚至还能看到竞争对手发帖嘲笑我。然而，即使是这些评论也给我个人和我的生意带来了众人的关注。当你采取适量的行动时，会发生两件事：① 你会收获一系列新问题；② 竞争会开始让你蜕变。随着个人影响力的扩大，那些以前甚至都不认识我的人也和我聊了起来，注意到我的生意、产品和我正在做的事情——我喜欢这种感觉。

确定竞争对手的能力、行动和心态。做他们不愿做的事，去他们不愿去的地方，采取他们无法理解的 10 倍思考和行动。不要过多地纠缠于在最佳方案上一决高下；而是采取世人认为于理不容的大量行动，做到只有你和你的公司才会、才能够，或者才愿意的行动程度，这样的行动就是我所谓的"独门秘籍"。

我曾经给一家公司做过咨询，将"独门秘籍"派上了用场。我们发现整个行业普遍存在着客户跟进方面的顽疾。因此我们研究了竞争对手在这个环节上不会做的事，发现没有一个竞争对手会在客户离开商店时打电话让他们折返。该公司旋即反其道而行之，采取在客户开车出停车场时打电话让他们折返的举措。客户前脚刚离开公司，经理们就立即开始拨打他们的手机，要求他们返回来。如果电话转到了语音信箱，经理就留下一条信息，告诉客户："请立即回来。我有些东西你一定要看看。"或者经理会发短信，暗示公司有什么东西要马上给客户看。如果没有成功地联系上客户，另一个经理会在同一天重复打电话让客户折返的这一程序，第二天早上又会再打一次。结果令人难以置信。几乎 50% 的客户立即折返，接近 80% 的折返客户当下就与公司达成了交易，另有 20% 的人后来才接到电话折返，也带动公司的销售额上了新的台阶。这就是我的"独门秘籍"大获成功的一个实例。

你从事什么行业并不重要，重要的是你应该设立用行动在行业形成主导地位的目标，而这些行动必须始终如一、持续不断，并且达到其他人都不愿意采取或效仿的水平。无论采取什么行动，你都要做到把同行竞争者远远抛在身后，一骑绝尘的程度。要甘愿竭尽自己的精力、努力和创造力，让自己脱颖而出，成为唯一的王者。学会如何在你的市场、客户甚至竞争对手的心智中占据主导地位。除非改进你的思维方式和对待市场的方式，否则你的市场表现不会有起色。即使身处疲软的市场当中，当你占据主导的时候，蒙受的损失也要少一些。疲软的市场实际上会催生机会，因为这些市场中的参与者不知道如何应对更具挑战性的环境，因而通常变得软弱且颇具依赖性。不要为他们感到遗憾，而要主导他们。他们并非时运不济，而是被平庸的思考和行动挡住了成功的步伐。市场是残酷的，所有人，无论是谁，只要没有采取恰当数量的行动，就会遭到惩罚。现在是时候做出改变了，让你的思考和行动都以主导为目标——主导行业，主导市场，主导竞争，主导潜在客户的心智。放弃竞争思维，不管别人怎么说，竞争就是无益的。竞争是胆小鬼的游戏。

练习

主导和竞争有何区别?

_____

_____

_____

_____

如果竞争有益,那么主导就是 _____。

最佳方案和独门秘籍的区别是什么?

_____

_____

_____

_____

你可以采取哪些措施让自己远离竞争?

_____

_____

_____

_____

第 11 章
突破中产阶级思维

请不要对我这一章中所写的内容感到生气。

我知道许多人穷尽毕生努力试图跻身中产阶级，但我要告诉你们，这是一个错误的目标。眼界放开阔一些。将来我可能会针对这个话题单独写一本书，但现在，让我们先把焦点集中在思考如何突破我所谓的"中产阶级心态（middle-class mentality）"吧。我相信自己可以证明，中产阶级是受自身思考和行动伤害最深的群体，这让他们最容易遭受不安全感和痛苦的折磨。尽管这是一个许多人渴望跻身的阶层，但它也似乎是最束手束脚、受人支配且危机四伏的阶层。中产阶级的地位真的像你所认为的那样优越吗？甚至你知不知道中产阶级意味着什么，或是什么造就了中产阶级？在你决定前进的方向或想要跻身哪个阶级之前，捋一捋与这个阶级相关的统计数据不失为明智之举。

中产阶级的收入

维基百科和 2008 年美国人口普查显示，中产阶级的收入每年在 3.5 万美元到 5 万美元之间。还有其他研究表明，中产阶级的收入在每年 2.2

万美元到 6.5 万美元之间。众所周知,按照这两个中产阶级的收入标准,在纽约或洛杉矶这样的城市生活尚且十分困难,更别提获得财务上的安全感了。这样的收入在多数人眼中算不上理想。

中产阶级又进一步分为上层中产阶级(upper middle class)和下层中产阶级(lower middle class)。上层中产阶级通常由拥有大量资产和家庭年收入超过 100 万美元的群体构成,尽管没有什么证据可以说明为什么这个门槛是 100 万美元。我猜测可能只是听起来顺耳而已。大多数人认为 100 万美元是一大笔钱——直到他们真正拥有了 100 万美元,然后他们会意识到,100 万美元也算不上什么,因为人们一旦跨入新的收入等级,他们的决策和思维往往也会随之改变。

所谓的上层中产阶级人士身居高位,在人们眼中,他们在财务上也比许多一般中产阶级更稳定。事实可能确实如此——直至各种经济灾难降临,然后我们常常会看到,即使是这个群体也难以幸免于难。诚然,在繁荣时期,由于国家经济增长,这个群体应该会经历收入的大幅增长。他们的可支配收入高于许多下层中产阶级人士。下层中产阶级由接受过基础教育且年收入在 3 万至 6 万美元之间的群体构成。这一群体占据了美国总人口的很大一部分。这群人经常拼命想够着上层中产阶级的门槛;然而,当经济风暴席卷而来时,每个人都被打趴下了。

有个客户上个月 26 日发短信问我:"格兰特,这个月我必须净赚 1 万美元才能把店开下去。怎么才能做到呢?"我看到这条短信的时候,恰逢周日,有一场足球赛。于是我问他:"你今天在看比赛吗?"他给我回了短信:"是的。"然后我回复他道:"你周日不上班看比赛干什么?!你应该出去发传单,争分夺秒地创造远超自己所需的收入。顺便说一句,你需要赚 10 万美元的净利润，而不是 1 万美元。"他回复道："周日是休息日。"天啊！我一句话怼回去："那些工作了六天的人才能有休息日！休息日不是给那些缺钱却还不努力工作的人准备的。所以，关掉游戏，从沙发上起来，出去赚钱！别再做一个束手束脚的中产阶级了，往前冲，去创造收入，确保财富安全和财务自由——为自己、为家人，也为了你的企业！"我想这些信息他收到了。

这个客户的危机源于他一直以来都是按需采取行动，因此充其量也就是"过得去"罢了。不幸的是，这种中产阶级心态并不能带来财务安全感。银行不肯给他融资，因此他不能再依赖信贷作为缓冲，唯一能依靠的只有自己的行动。这是许多中产阶级身上都存在的问题。他们追求的是**适可而止**，而没有做到全力以赴。大多数人认为，舒适的中产阶级生活包括衣服、房子、车子、假期，也许还要有一个高管职位和一些银行存款。

然而，"中产阶级"这个词在不同的历史时期有着各种各样的含义。其中许多含义过去是相当矛盾的，现在仍然也是如此。它指的是介于农民和贵族之间的阶级，然而也有其他定义认为，中产阶级有足够的资本与贵族抗衡。时至今日，我们对于这个意义的理解显然又有了长足的发展。例如，在印度，中产阶级被认为是那些居住在自有住房中的人群；在美国，蓝领工作者属于中产阶级；而在欧洲，蓝领工作者则属于工薪阶级。

我想指出的一个重要区别是，我所谓的"中产阶级"是指一种心态，而不是一种收入水平。一个年收入 100 万美元的人可能仍然采取的是中产阶级的思考和行动方式。它更像是一种阻碍你成功的心态。中产阶级在很大程度上是一个无法让你真正达成所愿的目标。"中产"的"中"

意味着"中等",即正常或普通的——我们前面已经讲过"普通"不是什么好事。

但是中产阶级对现在大多数人而言意味着什么呢?2009年2月,权威周刊《经济学人》(The Economist)宣布,由于新兴国家的快速发展,如今世界上超过半数的人口属于中产阶级。这篇文章将中产阶级描述为拥有适量可自由支配收入且不必像穷人那样勉强糊口的人群。它的门槛界定是在基本食物和居所费用支出之后,还有至少三分之一的剩余收入可以自由支配。

然而,今天的中产阶级几乎没有人有三分之一的收入可留作自由支配。这个群体如今遭受着所谓"中产阶级挤压(middle-class squeeze)"的打击。在这种情况下,中等收入者的工资增速跟不上通货膨胀的速度。与此同时,高薪阶层却没有遭受类似的影响。此外,事实上,大部分所谓中产阶级的财富来自借贷和房产估值,这些财富只是数字,而不是真金白银。

中产阶级经常发现,他们对信贷的依赖在房地产市场崩溃之际与日俱增,导致他们无法维持中产阶级的生活水平。这让渴望向上爬的他们被拖住了后腿。这就属于我前面提到的重要性、阻力和意外情况。伴随着失业率上升,这一群体又经历了收入的下降。因此,我们破天荒地看到男性失业人口超过女性,这是由于同等条件下雇用女性员工的成本更低,所以高薪男性员工就被解雇了。与此同时,能源、教育、住房和保险等必需品的价格持续上涨,而人们的工资却在下降。这种挤压效应总是会影响到人口中数量最庞大的群体。富人不依赖工资收入和信贷,穷人则会获得救助,但中产阶级并没有资格获得这种救助。

对大多数人来说,中产阶级意味着拥有一份收入较高的稳定工作、持续的医疗服务、一套在优质社区的较舒适的房子，能给孩子提供良好的教育（什么是良好的教育则仁者见仁、智者见智），拥有休假时间（这是他们非常看重的），还有退休金账户里的钱要不断累积，保证能有体面的退休生活。然而，这些长期以来被认为是理所当然的一切，由于房地产崩盘和信贷崩塌，现在都乱了套。现有的中产阶级受到挤压，能保持或重获昔日的辉煌就算不错了。这个群体的平均收入稳步下滑，饭碗不保，积蓄和投资也岌岌可危。过去十分看重的假期可能降级成了去附近的公园逛一逛。

我告诉你这些有什么意义？问问这些中产阶级，看看他们是否有安全感，或者是否觉得颇为理想。尽管他们可能会声称没有沦为"穷人"就谢天谢地了，但他们可能也会告诉你，他们觉得自己更像是工薪阶层，而不是中产阶级。再思考一下这样一个事实：如今的美元相对于过去已经贬值了，今后也只会继续贬值。一个年收入6万美元的人要交1.5万美元的税。幸运的话，每年能剩下4.5万美元——把货币贬值考虑进去，这笔钱实际上只值3.2万美元，还要支付买房、上学、保险、食物、车贷、燃油、紧急医疗、度假等费用，并拿出一部分作为储蓄。这听起来理想吗？中产阶级被作为一个所有人都应该为之努力奋斗的目标，成为向无数的美国人兜售的梦想。然而实际上，它只是一种趋近于"美好"的生活方式而已——也许说它是覆着一大块诱人奶酪的捕鼠夹更为贴切。

从社会经济角度而言，我认为中产阶级是世界上最受压制和限制的群体。那些渴望跻身其中的人被迫以某种方式思考和行动，而这种思考和行动方式带来的回报就是"刚刚好"。只要刚刚好，就能"舒舒服服"或"心满意足"，这是一个被教育体系、媒体和政治家四处兜售的观念，旨在说服所有人安于现状，而不去争取更多成就。然而，只要头脑稍微清醒一点儿，就会发现这其实是一个无法兑现的承诺。今天，最富有的 5% 的人掌控着 80 万亿美元，这个数字比以往人类历史上创造的财富还要多。如果你知道自己也拥有和他们一样的精力和创造力，能够再往前一步，你难道不试一试吗？

练习

在读这一章之前,你对中产阶级的理解是什么?

_____
_____
_____
_____
_____
_____

中产阶级的收入水平是多少?

_____
_____
_____
_____
_____
_____

中产阶级现在对你而言意味着什么?

_____
_____
_____
_____
_____
_____

第 12 章
痴迷不是病，而是一种天赋

词典中将"痴迷"一词定义为"一个人的思想或感受被某个持续的想法、形象或欲望所主导"。尽管其他人倾向于把这种心态当成一种疾病，但我相信这个词完美地诠释了对待成功的态度。要在你的行业、目标、梦想或抱负等方面形成主导地位，你首先必须掌控自己的兴趣、观念和思维。在这种情况下，痴迷并不是一件坏事，而是你达成所愿的必要条件。事实上，你要对成功有足够的激情，让全世界都知道你不会妥协，不会放弃。直到你完全痴迷于自己想做的事情，别人才会把你当回事。直到全世界都知道你不会放弃，即知道你会以坚定不移的信念百分之百地投入，并将坚持不懈地推进你的项目，你才会得到必要的关注和想要的支持。这么说来，痴迷就像是一团火。你要把火烧得足够旺，让其他人不由自主地被吸引，在火堆旁围坐在一起。既然如此，你就必须不断添加柴火，让火焰越烧越旺。你要痴迷于如何让自己的火堆熊熊燃烧，否则它就会化为灰烬。

为了创造出 10 倍的效果，你必须以一种痴迷的态度跟进每一次行动，直至确保成功。你要秉持一丝不苟的态度，不断激励自己每天都采取 10 倍的行动。尽管有些人行动不停，但我们知道，这些行动大多收效甚微。大多数人要么不作为，要么早早放弃，还有一些人畏缩不前，以避免失败的结果和负面的经历。还有很大一部分人按部就班，只求勉强应付，敷衍了事。所有这些人都缺乏那种痴迷的状态，不会时刻关注自己的行动直至确保成功。**大多数人的努力只是点到为止，做的都是表面功夫，而最杰出的成功人士总是以痴迷的态度关注自己的每一次行动，直至确保获得回报。**

如果你痴迷于自己的想法、目的或目标，你也会同样沉迷于将其实现。任何一个在生活中以创造长期、积极的 10 倍效果为使命的人都一定会以这样痴迷的态度来对待每时每刻、每一个决定和每一次行动。毕竟，如果你的想法尚且没有占据自己的脑海，怎么还能指望它们在别人心目中占有一席之地呢？你的脑海每时每刻都被某些想法所占据，那么这些想法应该是什么呢？应该是你痴迷的事情。所以，让你的梦想、目标和使命成为你思考与行动的主导！

"痴迷"这个词往往带有一定负面的含义，因为许多人认为对某事（或某人）陷入痴迷通常是颇具破坏性或危害。可你却找不到不陷入痴迷而获得伟大成就的人！任何取得伟大成就的个人或团体，无一例外。无论是艺术家、音乐家、发明家、商人、变革者或慈善家，他们的伟大成就正是源于痴迷。

有人曾问我，是否一直以来都这样痴迷于成功和工作。我回答道："绝对不是！"一开始时是这样的，一直到我大概 10 岁的时候。然后我就放弃了，直到 25 岁才重新找回这样的状态。从那以后，我就或多或少地一直保持着这种状态。而放弃对梦想和目标的痴迷的那些年令我抱憾终生。我可以告诉你的是，自从我对自己的梦想和目标燃起极大的热情之后，我的生活就发生了很大的改观，即便在遭遇不顺的时候也是如此。

我最近看了以色列前总统西蒙·佩雷斯（Shimon Peres）的一个电视访谈。佩雷斯先生当时已 87 岁高龄，在过去的 18 个月里接受了数百次采访。尽管年事已高，但对自己使命的痴迷使他看起来朝气逢勃且精力充沛。即使是那些可能不认同其使命的人也不得不佩服他对此的矢志不渝，而佩雷斯先生也用一句话表达了他的态度，即"工作好过度假——每天早晨醒来都有个目标，这很重要"。无数真正的成功人士都认同这样一种观点，即不感觉自己的职业是工作，而是爱好。这就是痴迷的最佳状态。

孩子身上与生俱来的痴迷就是绝佳的例子。他们几乎能立刻对所遇见的任何事情陷入迷恋——学习、模仿、发现、玩耍，无一不是如此，并将全部精力都花在任何他们感兴趣的事情上。除非他们在某些方面发育有些迟缓，否则孩子无一不是以一种完全痴迷和沉醉的方式对待他们渴望的一切活动——无论是想要一个安抚奶嘴、一个玩具、某种食物、获得爸爸的关注，还是一个亟须满足的要求，都是如此。从孩子身上，我们看到了痴迷是人类的一种本性。然而，父母、监护人、老师，最终甚至是整个社会开始**抑制**这种迷恋的状态，于是它变成了一个"问题"。孩子对某个目标全身心投入是正常且非常正确的事情，大人们却经常让孩子觉得这样做是错误的！这时，许多孩子开始认为他们对生活和探索发现的强烈兴趣，即与生俱来的全身心投入的坚定信念在某种程度上是错误或不正常的。那些早已放弃这种痴迷状态的人，实际上是在威逼孩子，强迫他们改变自己的行为。此时，一个人积极的投入和行动水平就被拉回到"平庸"的水平上了。

为了避免你说我站着说话不腰疼，我得告诉你，我刚刚当上父亲。我要承认的是，虽然女儿痴迷的天性时不时冒头，给我制造了不少麻烦，但我从不曾想要抑制它。我热切地期盼女儿能痴迷于自己的梦想，不管梦想是什么，都永不放弃，然后在接下来的生命中做到至臻至善！我喜欢对某个想法陷入痴迷的感觉，也钦佩那些一样狂热的同道中人。那些全心全意追求自己信念的人或群体，他们痴迷于自己的梦想，每天醒来满脑子都是自己的梦想，夜以继日地为之付诸努力，连睡觉时都无法将其从梦境中抹去，有谁能不为之动容？一旦其他人从这些满腔热忱的人的思想、眼神和行为中看到了这般意图、信念和坚持，他们就不再会阻碍。**我建议你对自己渴望的东西保持痴迷，否则，你会一辈子深陷泥潭，为自己为什么没能过上理想的生活找借口。**

不幸的是，拥有这种几近贪婪的痴迷和强烈欲望的人被贴上了心态失衡、工作狂、强迫症和一长串其他的标签。如果全世界都看到了一个人怀揣着坚定不移的热情、一如既往的痴迷、熊熊燃烧的欲望之火追求自己的目标，将这样的态度视作一种天赋而非缺陷或病态，又会怎样？难道不是会让我们都取得更辉煌的成就吗？为什么人们一定要为追求卓越的热情和对成功的痴迷赋予消极的意义？

然而，有趣的是，一旦这些痴迷者最终真的成功了，他们就不再被贴上疯狂的标签，而是被视为天才、不走寻常路和标新立异。如果全世界都钦佩、期待甚至要求我们每天都以近乎痴迷的方式专注于实现自己的目标，那会怎样？如果我们惩罚那些没有满怀热情地采取行动、全身心投入的人，并奖励那些紧盯自己的任务、确保坚持到底的人，又会怎样？我们的社会将涌现出大量的发明创造，解决方案、新产品层出不穷，效率也将随之提升。如果全世界不对痴迷的状态妄加评判，而是对其加以鼓励，那会怎样？如果以痴迷的态度坚持不懈地追求目标是你收获丰功伟业的唯一方式，甚至还关乎你的生命，你会怎么做？

事实上，这并不是一个假设，因为现实本就如此！

如果没有一群痴迷于让人类进入太空的科学家，这个伟大的梦想能成真吗？如果一个国家的领导人不痴迷于成就伟业，这个国家能变得强大吗？是否有哪位杰出的领导会淡化自己的梦想，鼓励团队"随遇而安"？当然没有！你希望团队浑浑噩噩、无精打采、毫无生气，还是希望所有团队成员都痴迷于追求积极的结果和胜利？永远不要对自己的目标打折扣，永远不要淡化宏图大志，永远不要降低马力，也永远不要限制自己的抱负、动力和激情。让你自己和周围的人都保有痴迷的心。永远不要视痴迷为错误；相反，把它作为你的目标。痴迷是你设定 10 倍目标并以 10 倍行动跟进目标的过程中必不可少的要素。

同时也要记住，把目标设定得太小，无法让你积蓄充分的动力或采取足量的行动来突破阻力、竞争和环境变化。如果没有痴迷于伟大成就的人，没有这些人持之以恒地以这种痴迷状态对待每一项任务和挑战，对待每时每刻，并将它们视为至关重要、必须完成的任务，一切伟业都将无从谈起。痴迷不是一种病，而是一种天赋！

| 练习 |

写下三个痴迷于自己的目标并成就伟业的人物。
_____
_____
_____
_____

你需要找回对什么事物的痴迷?
_____
_____
_____
_____

为什么痴迷好过不痴迷?
_____
_____
_____
_____

什么目标会让你变得痴迷?
_____
_____
_____
_____

第13章
孤注一掷与超额承诺

迄今为止，希望我已经扭转了你对痴迷之本质的看法，接下来让我们讨论一下怎么样才能让你在每一次行动中都"孤注一掷"，并全身心投入，把握每一个机会。

玩扑克游戏时常会用到"孤注一掷"这个词，相信大多数人都不陌生。当玩家赌上所有筹码，他要么被淘汰出局，要么获得双倍回报，这就是"孤注一掷"。我要讨论的不是牌桌上的金钱或筹码，而是一个更重要的赌注——你的努力、精力、毅力和创造力。大量行动不同于扑克游戏。在生活中，你永远不会耗尽行动的筹码，也不会因为全身心投入而耗尽你所有的精力和努力。你手中最有价值的筹码是你的心态、行动、毅力和创造力。你可以随心所欲地将筹码翻番并"孤注一掷"，因为即使失败了，你还可以继续孤注一掷！

大多数社会都不鼓励孤注一掷的心态，而是教导我们要谨慎行事，不要把鸡蛋都放在同一个篮子里；鼓励我们要节约，避免损失，而不是去追求丰厚的回报。而那些全世界的大公司却都愿意博人眼球，演几出大戏。这个心态还是基于这样一种谬误：你的精力、创造力和努力都是有限的，会被消耗殆尽。生活中**有**一些事情的确是有限的，但**你的潜力**却是无限的，除非你自我设限。

至关重要的是，你要完全转变自己的思考与行动，并且你要明白，自己可以无限制地连续采取行动。你可以屡败屡战，也可以持续成功，循环往复。还有，如果你没有主动向着球场边缘奋力挥棒，就永远也无法击出一个漂亮的全垒打；如果你没有在松懈不作为的时候严格要求自己孤注一掷、全力以赴，就永远不会取得辉煌成就。

我们都听过龟兔赛跑的寓言故事。当然，这个故事的寓意是，乌龟由于坚持慢慢地一步步往前爬而获得了胜利，而兔子却骄傲自满、匆匆忙忙，最后筋疲力尽，错失胜利。照理我们应该从中得到这样的启示：要像乌龟一样，稳步而缓慢地朝着自己的目标前进。可如果这个寓言故事中有第三个选手，兼具兔子的速度和乌龟的坚定，那它将会一骑绝尘，赢得比赛也就不在话下了。这样的话，这个寓言就得换个名字，叫作《一骑绝尘》了。对此我的建议是，对待目标要**兼具龟兔的优点**——从一开始就以不达目的誓不罢休的方式发动进攻，并在整个"赛跑"过程中坚持不懈。

记住：摔倒了就爬起来再继续，多少次都可以！除非你退出，否则就不算失败！你不可能"耗尽"所有的精力或创造力。你也不可能才思枯竭。孕育新梦想，积蓄更多的精力，运用创新思维，转换视角，再打一个电话，再换一种策略，坚持不懈地行动——你永远都不可能丧失这些能力。你总会找到另外一个角度、另外的时间以及另外的机会。如果你拥有源源不断的精力、创造力和毅力，那么**为什么不**在方方面面都孤注一掷、全力以赴呢？

企业家，尤其是销售人员，若不能孤注一掷，损失最为惨重。这个话题我在自出版的第一本书《销售生存法则》(*Sell to Survive*) 中探讨过。许多销售人士高估了自己在达成交易方面实际付出的努力，经常自认为付出了大量努力，实际却没有那么多。事实上，大多数人甚至对订单不闻不问，**更不用说过问五次了，而五次只是达成一个订单所必须的要求。**

我们公司最近受雇为一家国际企业开展一个名为"神秘顾客"的活动，以探究销售环节的问题出在哪里。我们试图搜集信息，找到特许经营商店在哪些方面最需要提升。我们走访了500多家分店，观察销售人员要花多少时间才能说服客户订购他们的产品。令公司大跌眼镜的是，63%的到访的分店甚至从未向该神秘顾客提出购买建议，更不用说说服我们的神秘顾客购买了！这家公司原本准备斥资数百万美元启动一个产品培训项目，但实际上，这并不是问题的关键所在。这些分店及其销售团队害怕失败或被客户拒绝，连玩一把都不敢，更不用说孤注一掷了。

如果客户找上门或是你有机会与客户当面讨论你的产品，但从来不提出购买建议，我向你保证，你**百分之百**拿不到这单生意。社会成功地教会了我们大多数人要谨慎行事，而不是孤注一掷地抓住每一个客户、每一次机会。这种思维在商战中根深蒂固，诸如成交率这样的东西就被认为是反映销售人员成功率的指标。对我而言却并非如此。告诉你我的绝招：每一个客户，每一次销售，我都愿意全力以赴。虽然我的成交率垫底，但绩效却高居榜首！我每一次都孤注一掷，我不在乎出手多少次，只要重新摆上筹码，就再来一次！

想一想：如果孤注一掷，对你而言最糟糕的结果是什么？你可能会失去客户，可那又怎样？你仍然有无限的资源，可以全力以赴拿下下一个客户。一切皆可得，没有什么可失去的；你需要做的，只是重新思考自己的方法。

这让我想到了"超额承诺"这个话题。这是当今商战又一个令人嗤之以鼻和备受误解的问题。有多少次，你被告知要"话别说得太满，给自己留点余地，以便将来超额兑现承诺？"我从没听过比这更荒唐、更落后的观点。假设你即将在纽约百老汇举行演出，正广而告之。你该向众人宣布你的演员们平平无奇、唱功普普通通，然后等到演出当晚再一鸣惊人吗？当然不行。这句话表明你认为超额承诺，或者至少是**充分**承诺不知何故会将你置于危险的境地。如果你不能兑现承诺，就会让别人心生不满。那为什么不超额承诺，然后超额兑现呢？将你强大的百老汇演出阵容广而告之，让观众心痒难耐，不得不一睹为快。这就是超额承诺和超额兑现！

我发现，对客户的承诺越大，最终兑现的水平自然就越高。就好像我对他们，也对我自己许下承诺，要超越自己所能，做到更好。我对市场、客户或家人投入越多精力，就越有意愿充分兑现我的承诺。话说回来，这当然需要付出 10 倍的努力，而不是 1 倍的努力。经常有人声称付出了"110%"的努力，却没有做出充分承诺——要么是因为谨慎行事，要么是因为害怕自己不能达到特定的水准。

几乎所有企业都有一个通病：为了展示一个产品或创意，倾向于增加预约客户的数量。而向他人提出预约请求的人却不愿意向那些为了与他们会面不得不放弃自己宝贵时间的人做出超额承诺。夸下海口、超额承诺和许下重誓会即刻让你脱颖而出，**迫使**你要兑现 10 倍的效果。增加预约量唯一的方法是增加交谈对象的数量，然后不断挖掘这些人要腾出时间与你见面的理由。

销售过程中的每一个步骤也是如此，无论是涉及跟进、传单、电子邮件、社交媒体、电话、拜访、活动、会议，或是你采取的其他任何行动都是如此。你要对自己付出的精力、资源、毅力和创造力做出超额承诺。要明白，你必须在每一项活动、每一次行动、每一天的业务当中都孤注一掷。

现在，你可能担心无法兑现承诺，许多人都有这样的担忧。这当然是一个问题。但是，正如我们前面所讨论的，你需要有些新问题。这些问题表明你取得了进展并朝着正确的方向前进。先学会承诺，然后再想办法兑现承诺。大多数人宁可花时间在脑子里琢磨那些可能永远不会实现的事情，也不愿费功夫采取行动。一个不面对新问题，而是纠缠于陈年旧事的人，一生都无法取得进步。简单地说：如果没有给自己制造新问题，那么你就还没有采取足够的行动。

你需要面对新的问题和困境，这将推动你继续探索和创造解决方案。下午2点要和多到都快应付不了的人见面，又或是等着到你的餐馆就餐的顾客在门口大排长龙，想想是不是很美？成败的主要差异在于，前者**寻找**问题去解决，而后者则竭力**回避**问题。因此要记住：超额承诺，孤注一掷，持续不断地采取大量行动。你会制造出新问题，但最终兑现承诺的效果连你自己都会感到惊艳。

练习

"孤注一掷"是什么意思?

_____
_____
_____
_____
_____

为什么社会上大多数人都不鼓励这么做?

_____
_____
_____
_____
_____
_____

销售人员失败的原因是什么?

_____
_____
_____
_____
_____
_____
_____

请填写以下内容：

如果你_____承诺并_____兑现，你会让自己得到成长，因为_____。

为什么我们渴望新问题？

_____
_____
_____
_____
_____
_____

第 14 章
开疆拓土，绝不退缩

在我写这本书的时候，美国仍承受着巨大的经济压力。失业率、金融不确定性已飙升至自大萧条以来的最高水平。在如此严重的经济萎缩的背景下，全世界都笃信要勒紧裤腰带，保持小心谨慎。虽然这种心态旨在实现自我保护和资产保护，但这种思维也肯定无法帮助你达成所愿。此外，尽管世界上大多数国家陷入经济萎缩状态，但有一小部分人和公司仍在通过拓展扩张从中获益。这些人明白，这种紧缩时期正是从那些压缩开支、采取防御姿态的人手中抢筹的大好时机。

因为紧缩实则是一种畏缩的状态，它违反了 10 倍法则的原理，即要求你不管情况如何，都持续进行大量行动、大量生产和大量创造。我要承认，在其他人采取防御性措施的时候，却反过来去开疆拓土是相当艰难且违背本能的。然而，为了抓住机遇，你必须采取这种方法。记住：无论何时，也无论世界上发生了什么，大多数人总是不会采取大量行动。当然，尽管有时你必须退守以保存实力，但这也应该是暂时的，以便你能做好准备，养精蓄锐，再次出击。你永远都不要放松在业务上的努力。尽管我们似乎经常听到公司因过快扩张遭遇滑铁卢的报道，但这当中许多公司的情况可能并非那么简单。大多数公司折戟沙场，并不是因为主动出击，而是因为它们没有为扩张做好充分的准备，无法主导整个行业。

持续坚定的扩张是违反直觉，甚至是不受欢迎的；然而，它却是让你脱颖而出的最有效的一种行动。人退我进不应该被简化为某种简单的概念。在现实世界里，这是一个实践起来相当有难度的条律。然而，一旦你适应了它，将其作为本能的反应方式，那么坚持不懈的行动能力就会化作前进的现实。有人对此持有异议，这是因为大多数人虽然也朝着目标采取行动，但一遇到阻碍就停住了脚步，然后就退缩了。如果你用这样的方式试水市场，市场、客户和竞争对手就不会相信你会全身心投入并持之以恒。因此，他们会通过恫吓中伤，让你退缩。你会发现这行不通，之所以行不通，唯一的原因是你没有坚持足够长的时间，让市场、客户和竞争对手最终臣服于你付出的努力。持之以恒的不懈努力总会带来成功。

你必须采取扩张策略，不管经济环境如何，也不管周围人是否鼓励你这么做。我这么说是因为我们生活的社会大多数时候都鼓吹退守不攻，当社会真的支持扩张时，通常对整个周期而言为时已晚——最近的经济危机就是如此。你应该将众人纷纷退缩的新闻作为风向标，反其道而行之。不要盲从，因为这些人几乎总是错的。不要随波逐流，要做领头羊！做到这一点的方法就是不管别人怎么说或者怎么做，你都要开疆拓土、勇往直前、采取行动。

在最近的这次经济衰退期间，我看到业内其他人都在裁员、削减营销费用，这对我而言就是指示我加大马力的信号灯。我没有裁员或削减营销费用，相反，这两方面我都增加了投入。尽管我也看到我们公司的营收和全球其他企业一样缩水了，但我选择了自降薪酬。我将这些钱转投到业务推广上，这助力我拓宽了事业版图，也帮助我们从其他退缩的企业那里抢得了市场份额。事实上,在经济衰退的那18个月里,我在广告、营销和促销方面的开支比我过去18年里加起来还要多!我意识到,这是多么有违直觉的事。我毫不否认,这一切令人心惊胆战,事后我也常常"反思"自己的行为。但我知道,如果我能继续勇往直前,就会取得巨大的进步。

比花钱更重要的是要求自己和员工锲而不舍地利用我们最宝贵的资源,即精力、毅力、创造力,去开疆拓土,联系客户。借助这样的方式,我们很快在包括电话、电子邮件、电子时事简报、社交媒体发帖、客户拜访、演讲、电话会议、网络研讨会、网络电话会议等各个渠道提高了成效。在那一年半的时间里,我出版了3本书,引进了4个新的销售项目,为一个网络培训网站制作了700多份培训材料,做了600次电台采访,撰写了150多篇文章、博客,打了数千个电话。当世界上其他人退缩的时候,我们却尽可能地在每一处战斗的前线开疆拓土。

全世界几乎所有人都认定节约是困难时期能抓住的唯一一根救命稻草,因此他们把它紧紧攥在了手心里。让我颇觉玩味的是,当人们开始省钱时,几乎自动地将其他东西也省了,仿佛大脑无法区分省钱存银行与节省精力、创造力和努力之间的区别。全世界都在省钱省工,只有少数人继续开疆拓土。你觉得最终的赢家会是谁?

有人问我,怎么在前路未卜的情况下,下定决心去开疆拓土,这背后的原因又是什么?对此我的回答是:"宁愿开疆拓土战死沙场,也不愿畏畏缩缩坐以待毙。宁愿冲锋陷阵折戟沉沙,也不愿当缩头乌龟不战而败。"请你想想:在第7章介绍的四级行动中,你会选择哪一个?如果让经济环境决定自己的选择,你永远都无法掌控自己的经济状况。

那么，解决之道又是什么？从沙发上站起来，走出家门，冲进市场！走到客户面前，寻找机会，向他们展示你在市场中有多勇往直前。必要的时候可以回撤，但为时不宜过久，这样才能重整旗鼓，为采取更积极的行动去开疆拓土做好准备。你的精力、努力、创造力和个性比人类创造的、机器印出来的钞票更有价值。尽管花钱是企业最常见的扩张方式，但它肯定不是唯一的法门，也完全比不上坚持不懈地采取 10 倍行动那么有价值。

亲爱的朋友，请记住 10 倍这个概念。你要以在行业形成主导和通过大量行动吸引关注为目标，开疆拓土。只有这样，你才能在创造新问题的目标导向下，扩大交际面、影响力和人脉并脱颖而出。然后你会继续开疆拓土，直到每个人，包括别人眼中的你的竞争对手，都知道你是实力比其强大 10 倍的主导者，并总是将你的名字作为你所从事行业的代名词。

练习

你有什么开疆拓土的方法，只需要耗费精力和创造力，而不需要花钱？

_____
_____
_____
_____
_____

你是否从某种形式的紧缩当中获益过？

_____
_____
_____
_____
_____

你什么时候拓展过自己的努力？看到了什么样的结果？

_____
_____
_____
_____
_____

第15章

星星之火，可以燎原

一旦采取了10倍行动并初见成效，你就必须继续趁热打铁，直到将星星之火烧出燎原之势。马不停蹄，永远不要停下脚步。在这一点上我有过深刻的教训，因为我曾经沉浸在自己的辉煌成就中不思进取。这是大家常犯的一个错误。绝不要犯这样的错！不断添柴火，让这团火熊熊燃烧，即使是竞争对手或市场变化也不能将其扑灭。你的这团火要持续燃烧，就意味着要不断加柴火、加燃料，对你而言，这就意味着进一步采取行动。一旦你开始这么做了，坚持下去就会习惯成自然，因为这会为你带来胜利。当你稳操胜券的时候，坚持采取大量行动是最容易也是最自然而然的，因为只有大量行动才有可能带来胜利。

当你开始"加把火"时，你会很快意识到，甚至是痴迷于摆在你面前的种种可能性，并开始看到更多积极的结果。你的行动会像永动的惯性轮一样，一旦开始，就永不停歇。牛顿（Newton）针对惯性定律给出了这样的阐释："（没有外力作用时）运动中的物体持续保持运动状态。"你要不断采取行动，直至势不可当。你甚至可能会发现自己对睡眠和食物的需要减少了，因为这实际上是成功激发出的肾上腺素在支撑着你。大约在这个时候，人们就会开始对你表示钦佩，并给你提出建议了。尤其要警惕那些暗示你已经"做得够多了"或建议你休息一下去度个假的人。现在还不是休息和庆功的时候，而是要采取更多行动。英特尔公司的开山功臣安迪·格鲁夫(Andy Grove)有这样一句箴言："只有偏执狂才能生存。"虽然我并不建议你在整个职业生涯中都处于偏执的状态，但我的确认为你必须坚持采取行动。即使一路上走来已经获得了辉煌成就，依然要继续积极行动以超越自己的目标。庆功或度假的时刻总有一天会到来。但现在，你必须继续添柴火，直到这团成功之火熊熊燃烧，让其燎原，势不可当。

获得成功的一大难题就在于需要付诸持续的关注。成功往往会青睐那些致力于给予它最多关注的人。这有点像维护草坪或花园；不管多么碧草萋萋、繁花似锦，你都要继续照料它。你得不停地割草、修剪、围边、浇水和种植，否则，绿草就会枯萎，鲜花也会凋零。成功也是如此。那些想要持续创造成功的人绝不能放弃或退缩。认为成功之后就能"高枕无忧"，不再像先前一样努力，这是一个普遍存在的错误观点。

永远牢记不作为、畏缩、采取常规行动、采取大量行动这四级行动。10倍法则意味着你将创造足够辉煌的成功，让一切始终尽在自己掌控。那些放弃持续为成功添柴火而又退避三舍的人，最终只能止于临门一脚，或抱憾而归。大量行动旨在让你脱颖而出，远离枯燥乏味。停止对竞争和不确定性抱有焦虑的最佳方法是让自己的这团火熊熊燃烧，让全世界所有人——甚至是你的竞争对手，都围坐在你的火堆前取暖。请记住，大多数竞争是由那些不愿意采取更多行动，只是跟在别人后面亦步亦趋的人挑起来的。你的火堆需要无穷无尽的柴火。采取再多的行动，积累再多的成就都不为过。同样，再怎么成为别人口中的谈资，再怎么被频繁地报道，再怎么被委以重任或增加工作都不为过。只有平庸之辈才会对此表示拒绝，还会给自己安于现状的心态做出一番辩解。

如果你拥有不断采取行动的能力，又怎么会行动超荷呢？看看世界上的伟人巨擘，他们当中没有人会精力枯竭、干劲枯竭、人力枯竭、创意枯竭或资源枯竭。他们得以享有丰厚富足的回馈，是因为他们让自己的企业变得丰厚富足。所以与其嫉贤仇富，不如仰慕并效仿他们。如果这么做，你会发现你越是全身心地不断付诸新的行动，就会变得越有创造力。就好像你打开了想象力的大门，种种新的可能扑面而来。甚至令人惊艳的并不一定是创造力，而是它所激发出来的大量行动的能力。

我最近在洛杉矶遇到了一个颇具知名度的公关公司，这个公司的员工认为我有被"过度曝光（overexposed）"的危险，而这在我看来是个非常奇怪的概念。过度曝光的概念是指你可以看到或听到太多关于某人的事情。这个概念是建立在这个人无法继续在创意或产品上推陈出新的前提下。它的潜在台词是：过度曝光的人或产品会以某种方式失去自己的价值。但请思考以下问题：地球人都知道可口可乐公司，你可以在世界上几乎所有商店、酒吧、飞机和酒店里找到该公司产品的身影。这是不是过度曝光？可口可乐公司是不是该把产品藏起来？公司是不是该害怕可口可乐的知名度太高、消费者太多会令其失去价值，因而退缩呢？这似乎是一种相当荒谬的思维方式。类似的产品和公司的例子不胜枚举，包括微软、星巴克、麦当劳、富国银行（Wells Fargo）、谷歌、福克斯电视台（Fox TV）、万宝路（Marlboro）、沃尔格林公司（Walgreens）、埃克森（Exxon）、苹果公司和丰田公司（Toyota），甚至是一些运动员和社会名流。过度曝光通常不是问题，但缺乏名气肯定会是问题。记住：如果你对我一无所知（或知之甚少），那么我的产品有多么质优价廉都无关紧要。既然如此，我宁愿过度曝光，也不愿默默无闻。

现实是残酷的，大多数人甚至连火堆都还没堆起来。他们要么被误导，在社会的熏陶下变得容易满足，要么害怕自己的行为会不知何故而"失控"。我向你保证，这种事不会发生。你必须让自己的这团火熊熊燃烧，以燎原之势席卷所过之境。坚持一路前行，直到你的这团火火光烛天，以致每个人都来赞叹你的行动能力。不要担心你将面临来自市场或竞争对手的阻力。一旦他们看到你有一股非同小可的力量，就会自动为你让路。

| 练习 |

你一直想要为之添把柴的那团火是什么？
_____
_____
_____
_____
_____

你能做哪三件事来为之添柴火？
_____
_____
_____
_____
_____

你能从谁那里争取到支持，为自己的这团火持续添柴火？
_____
_____
_____
_____
_____

第 16 章
恐惧是有益的信号

当你持续将行动推升到新的高度时，迟早会感到恐惧。事实上，如果你没有这种体验，那你可能没有做足够多正确的事情。恐惧不是要敬而远之的坏事；相反，你要寻求并拥抱恐惧。恐惧实际上是一个信号，标志着你正采取必要措施朝着正确的方向前进。

倘若你心无顾虑，表明你只是待在自己的舒适圈内，这只会让你原地踏步。你要保持战战兢兢，直至将自己推升到新的水平以再次体验恐惧——虽然这听起来很奇怪。事实上，唯一让我害怕的是毫无恐惧。

恐惧到底是什么？它存在吗？是真真切切的吗？我知道恐惧给人的感觉是真真切切的，但我们也要承认，大多数时候，你恐惧的事情甚至不会发生。有人说，恐惧意味着杯弓蛇影，这恰如其分地暗示了你所害怕的事情大多永远不会成为现实。恐惧在很大程度上是情绪的产物，而不是理性思考的结果。依我拙见，情绪的作用被过分高估了，情绪只是许多人为自己没有采取行动所找的挡箭牌。但是不管你是否同意我对于情绪的看法，你都必须重新定义自己对恐惧的理解，并把它当作前进的理由，而非裹足不前或畏畏缩缩的借口。要将这种通常让人唯恐避之不及的感觉作为指路明灯，指引自己采取应有的行动。

孩提时代，你可能会对某些莫名其妙的事物感到恐惧，比如床下的恶魔。这种恐惧是一种信号，促使你检查你房间的衣橱和黑暗角落，看看有没有什么东西潜伏在那里。但所有的孩子最终都会发现，所谓的恶魔只不过是自己幻想出来的罢了。不过，成年人也有自己的"恶魔"——未知、拒绝、成败等。这些恶魔也应该成为采取行动的信号。例如，如果你不敢拜访某个客户，说明你该给这个客户打电话。害怕与老板交谈，表明你应该昂首挺胸地走进他的办公室，请求占用他一点时间和他谈谈。害怕向客户提出业务邀约，就意味着你必须开口向客户争取并且做到锲而不舍。

10倍法则迫使你在市场中脱颖而出。就像我前面强调的，你要做其他人不愿意做的事，只有这样，你才能出类拔萃，主导整个行业。每个人在某种程度上都会经历恐惧，再加上市场中人与商品、人与人之间的互动交织在一起，市场也会和人一样面临恐惧。但是，不要像市场中其他大多数人那样，将恐惧视为一种逃跑的信号，而是要将它视作**前进**的信号。

对付这样的困境，我的方法是忽略时间，因为时间是滋生恐惧的根源。对于你恐惧的对象，在恐惧上花费的时间越长，它就越强大。因此，要将时间这个容易滋生恐惧的温床剔除掉，让恐惧无所遁形。例如，假设约翰需要给客户打个电话，这个任务会让他即刻感到焦虑。但他并没有立刻拿起电话拨通对方的号码，而是泡了杯咖啡，边喝边想该怎么办。思虑再三只会助长他的恐惧，因为他不停地想象这通电话可能会横生出的各种枝节和糟糕的后果。如果有人质疑，他可能会辩称自己需要在致电前"准备准备"。然而，准备只是那些职业素养不过关的人找的一个借口，用来为自己迟迟不肯踢出临门一脚而狡辩。

约翰需要深呼吸，拿起电话，然后径直致电。临门一脚的准备只是助长恐惧的又一种方式，随着时间的推移，恐惧只会变得越发强烈。没有行动，什么都不会发生。

恐惧不仅仅告诉你要做什么，它还告诉你该在什么时候去做。无论你在什么时间点问自己此时此刻是什么时候，答案总是一样的：是现在。我们采取行动的时间点也一样，就是现在——感到恐惧是一个信号，那一刻就是最佳的行动时机。大多数人如果从目标酝酿到最终开始采取行动花费了很长时间，后面就无法坚持下去了。然而，如果把这个时间从整个过程中剔除，那么他们就能够轻装上阵了。除了行动，别无选择。无须准备，一旦你走到这一步，再准备就为时已晚了。

当下唯一有用的就是**行动**。每个人都有过没能成事的失败经历。也许当你"准备好"的时候，别人已经捷足先登了，你就只有后悔的份了。失败的形式有千万种，不管你行动与否，它都可能会发生。不管结果如何，我要说的是，宁可在行动中失败，也不要在过度准备中失败，从而让别人捷足先登。

这样的场景在商场上每天都在上演。人们在恐惧上耗费了太多时间。出于对结果的恐惧，他们在亲自拜访、打电话、写电子邮件，或者提建议之前总是等了又等。不计其数的人都用同样的借口来解释为什么"现在不是采取行动的好时机"。客户马上要出远门，客户刚刚出远门回来，现在是月底或是月初，客户们一整天都在开会，他们马上要开会了，他们刚刚采购了物资，他们没有预算，他们在削减开支，生意不好，管理层或人事发生了变动，我不想"烦"他们，他们怎么都不回我电话，别人都卖不出去产品，他们不切实际，我不知道该说

第 16 章 恐惧是有益的信号

什么，我还没准备好，我昨天刚给他们打过电话……

全世界所有的借口都改变不了一个简单的事实：恐惧是一种信号，标志着你必须尽快行动起来，去处理那些让你恐惧的事情。妻子总是说我"看起来无所畏惧"。事实却恰恰相反，我大部分时间都心存恐惧。然而，我拒绝让自己的时间被恐惧所吞噬，让恐惧越发猖獗。因此，我选择速战速决。我渐渐明白，这样做对我更有利。当你能冒险去做自己恐惧的事情时，你也会理解我的感受。事实上，你会惊讶地发现，自己变得更加强大，也更有信心去尝试新鲜事物。

快速、反复地采取大量行动将确保你在商场上表现得无所畏惧。那些敢于拿自己最恐惧的事情开刀的人将会是在事业上取得最大进步的人。让商场上的其他人屈服于焦虑的铁蹄之下，为莫须有的事情做无谓的准备去吧。而你有重要的任务要做。

恐惧是人类所能经历的最具杀伤力的情绪之一。它让人们束手束脚，最终常常成为人们追求目标和梦想的拦路虎。每个人在生活中都有恐惧的东西，然而，正是处理恐惧的方式将我们区别开来。当你屈服于恐惧时，你就会无精打采、缺乏动力、丧失信心——这种情况只会进一步滋长恐惧。

你看过"吞火"表演吗？其中的诀窍似乎就是要完全耗尽火焰燃烧所需要的氧气。如果过早把脸转过去，氧气就会让火势烧得更旺——当然就会灼伤你了。恐惧也是如此。如果你往后退，哪怕是一点点，就会给它生存的机会。所以，不要把时间花在犹豫不决上，全身心投入，你就能消灭恐惧，更积极地行动。

克服你的恐惧；不要畏缩拖延，让它有机可乘。学会寻找并利用恐惧，克服恐惧，勇攀新高。我认识的成功人士无一不把恐惧作为一个信号，来确定哪些行为会带来最丰厚的回报。我在生活中也抓住一切机会利用恐惧，让自己对自我成长和自我拓展保持清醒的认识。如果没有感到恐惧，就意味着你没有采取新的行动，也没有成长。就这么简单。创造精彩人生，不需要金钱或运气，而需要有快速并有力地制服恐惧的能力。恐惧就像吞火表演中的火焰一样，我们不应该逃避它；相反，我们应该用它来激励自己在生活中采取行动。

练习

你最大的三个恐惧是什么?

_____

_____

_____

_____

_____

有什么人是你害怕联系,但可以帮助你或助推你业务发展的吗?

_____

_____

_____

_____

_____

在这一章中,关于恐惧的知识你学到了什么?

_____

_____

_____

_____

_____

第17章
时间管理的谬误

在这一章开头首先要承认的是,我自认为不管从哪方面看,我都算不上一个优秀的管理者,我也不是一个优秀的策划人。事实上,我从来没写过一篇商业计划书。然而,我总是能够有效地自我管理,借此从零开始创办了多家公司。我从来都不认为时间管理是最有价值的事情,不过我的确会把时间花在自认为最有价值的事情上。

我经常在自己的培训班上收到有关时间管理和寻求平衡的提问。在我的职业生涯中,我发现生活中最关心时间管理和平衡工作与生活各方面的人都是那些笃信"稀缺"概念的人——这个概念在前面章节中探讨过了。大多数人甚至不知道他们有多少时间可用,也不知道某个时间段里的要务是什么。如果不知道自己有多少时间,或者需要多少时间,那又怎么指望去管理和平衡它呢?

你首先要做的就是明确任务的轻重缓急程度,这样才能做到将成功视为己任。当然,在这一点上我无法代替你去做,因为每个人的轻重缓急程度都不尽相同。然而,如果成功是你的主要关注点,那么我建议你把大部分时间花在有助于创造成功的事情上。当然,我不知道在你的人生中成功意味着什么。它可能涉及五花八门的东西:财务、家庭、精神、身体或情感;又或者,你也像我一样,想要拥有这一切!

记住，成功可以是包罗万象的。我个人对如何保持平衡不感兴趣；我感兴趣的是在方方面面都富足。我认为不应该顾此失彼。成功人士思考的是如何"拥有一切"，而失败的人倾向于给自己设限。他们可能认为"如果富有，就不能快乐"或"如果事业蒸蒸日上，就没时间做一个好父亲、好丈夫或精神富足的人"。事实上，有趣的是，那些为自己能拥有多少东西而设限的人最喜欢讨论"平衡"。然而，这是一种错误的思维方式，无论靠时间管理还是寻求平衡都无法解决。

我个人认为，担心时间管理和寻求平衡是毫无意义的。他们应该问的是："我怎么才能将一切尽数收入囊中？"成功的人已经充分获得了自己渴望的东西，没有人能从他们手中将其夺走。一个人如果不快乐，又怎么能自诩获得了成功呢？如果无力支付账单、养家糊口，或是对未来忧心忡忡，又有什么幸福可言？实现一个既定目标之际，也是设定另一个新目标之时。停止非此即彼的思考方式，而是思考如何将一切尽数收入囊中。

写到这里的时候，有个客户给我发了一条信息，问我："你有没有休息过？"我即刻打趣地回复他："没有！"事实上，我当然有休息——是人就得休息。然而，我也知道自己有多少时间，知道自己要优先处理什么事情，知道在自己所拥有的时间里努力实现目标是我的责任、义务和职责。我建议你记录下自己是如何支配时间的，可以将其记在日记里。大多数人连自己是如何支配时间的都不清楚，却还抱怨没有足够的时间。

每个人一周有 168 小时，以每周 40 小时的工作时长计算，扣掉每天 30 分钟的午餐时间，美国雇员平均每周的工作时长是 37.5 个小时，而大多数人不太可能真的在这 37.5 个小时内每分每秒都在工作。据统计，每个人平均花 22.3% 的时间用于工作，33.3% 的时间在睡觉，还有 16.6% 的时间在看电视或上网——这还是在假定这个人 100% 把工作时间真正用于工作的前提下！然后这些人还担心起了寻求平衡和时间管理的问题。不过，当你没有充分利用时间并付诸行动时，总会发生失衡的情况。

虽然大多数人声称珍惜时间，但许多人似乎并不了解时间。时间是谁创造的？你的时间是自己创造的，还是别人创造的？怎样才能创造更多的时间？"时间就是金钱"这句话有何含义？该如何对待时间，以确保你的时间就是金钱？你应该花时间做的最重要的事情是什么？所有这些问题都值得深思且需要被关注，以便将你的时间最大化。

假设你还能活 75 年——大约这辈子还剩 657 000 小时，折合为 39 420 000 分钟。取一周中的任何一天来计算，你平均有 3900 个周一、周二、周三等。注意，可怕的是，如果你今年 37 岁，那么就只剩下 1950 个周三了。如果你名下只剩 1950 美元该怎么办？你会眼睁睁看着它溜走，还是会尽己所能让它不断增加？我相信我可以用这 1950 个小时做比大多数人更多的事情。增加时间的唯一方法是在你有限的时间里做更多的事情。如果我在 15 分钟内打完 15 个电话，而你在一小时内打完 15 个电话，那么本质上我就为自己创造了 45 分钟的时间。这么说来，10 倍法则让时间的增值成为可能。如果我雇了一个人，每小时付给他 15 美元，让他每 15 分钟打 15 个电话，那么我的工作量就翻倍了——我的时间就变成了金钱。

要真正理解、管理并最大化利用时间，从中挖掘出每一个机会，你就必须充分理解并意识到自己有多少时间可以利用。你首先必须掌控自己的时间，而不是把这个主动权交给别人。谈到时间这个话题，尤其是关于工作时间的内容，你可能会听到颇多怨言。人们把工作当成刀山火海，但事实上在完成工作上花的时间却少得可怜。**大多数人工作，只是点到为止，做的都是表面功夫**，而成功人士的高效工作能带来令人满意的结果，让工作成为一种奖赏。真正的成功人士甚至不称之为工作；对他们来说，这是一种热爱。这是为什么呢？因为他们采取了充分的行动，将胜利收入囊中！

实现平衡的一个捷径就是上班的时候**工作努力一点**。这不仅会给你留下充裕的时间，而且会让你体验到工作带来的回报，给你带来成就感，而不是干活的感觉。试着用这样的方法：带着感恩的心去工作，看看你能在这段时间里完成多少事。让工作成为一场比赛、一场挑战，让它变得有趣味。

在管理时间和寻求平衡这一点上，你首先要做的第一件事就是确定什么对你来说是重要的。你最希望在哪些领域取得什么程度的成功？按照重要性的顺序把它们一一写下来，然后再确定你总共有多少时间可供支配，并决定怎么给这些任务分配时间。另一件要做的重要事情是：记录你每天是怎么支配时间的——我说的是精确到每分每秒。这能让你看清自己都是怎么浪费时间的，包括那些对你的成功毫无助益的小习惯和活动。任何无法为你的成功添砖加瓦的行为都被视作浪费时间——玩游戏、看电视、打盹、喝酒、抽烟、休息等。很残忍，不是吗？的确如此，可如果不管理自己的时间，我保证你一定会将它挥霍掉。

当然，在你的人生和职业生涯中，情况会发生变化。随着年岁增长，你实现了一个目标之后又制定了新的目标，形形色色的人和事物进入了你的生活，这一切都要求你持续调整自己的优先事项。例如，多年来有些为人父母的朋友总跟我说，我自己没孩子，所以不懂该如何平衡工作和家庭生活。我最近初为人父，这无疑需要占用更多时间，但也让我对这一点有了亲身体验。我从这个经历中发现的不是平衡或工作的问题，而是事情的轻重缓急。

女儿的到来只是赋予了我又一个创造成功的理由，而不是逃避工作的借口。她全然成为我成功的动力，因为我努力追求成功不仅是为了自己，也是为了她。你不能怪罪家人成为自己成功路上的绊脚石。他们应该是你渴望获得成功的理由。

这看起来似乎困难重重，但还是有办法做到的。给你自己和家人制定一个日程安排表，以便你能够优先完成那些对自己而言最重要的事情。例如，我的解决办法是每天增加一个小时陪伴家人，这样就可以和女儿共享天伦之乐。我和妻子商量并制定了一个日程表，这让我有时间陪伴妻女，同时也不会对我们夫妻俩为追求财务成功所做的工作日程安排产生负面影响。我们首先围绕我们的优先事项为女儿制定睡眠时间表。我们约定，我每天早起一小时，每天清晨带女儿到外面逛一圈。这确保我在投入每日繁忙的工作之前，都利用这段时间专心陪伴女儿，也让妻子多睡一会儿觉。我从女儿 6 个月大时就开始这么做了，而且效果很好。我带她一起去跑腿干杂事，比如每天早上去当地的杂货店，还介绍她与杂货店的员工相识。当我们逛完一圈回来时，我就可以在一天中剩下的这些时间里心无旁骛地打拼事业了。因为我让女儿起得早，所以我们可以在晚上 7 点前把她哄睡，然后妻子和我就能过二人世界了。

我们知道，随着女儿日渐长大，情况会持续发生变化，我们必须要做出调整。然而，关键在于我们掌控了自己的时间，而不是毫无章法地试图去管理时间。确立优先事项并致力于寻找解决方案的决定让我们成为自己时间的主人。你越忙碌，就越需要掌控时间和厘清轻重缓急。虽然我没有什么灵丹妙药可以让这一切变得易如反掌，但我可以告诉你一件事：如果你一开始就全身心投入去追求成功，然后又主动把时间掌握在手里，就可以创建出一个适应你所有需求的日程。

你必须决定如何利用时间。你必须掌控时间，争分夺秒，以扩大自己的影响力并占领市场。让所有必要的人，包括家人、同事、伙伴、员工都认识到哪些优先事项是最重要的，并达成一致。如果不这么做，就会有形形色色的人拿着各自不同的日程表把你往各个方向拉扯。我的日程表对我很有用，因为周围的每个人，从妻子到同事、伙伴，都知道什么对我而言最重要，也明白我有多珍惜时间。这让我们能够处理好其他需要处理的次要事项。

我们的文化常鼓励"放慢脚步，放松，悠着点儿，找到平衡"，让我们"随遇而安并安于现状"。理论上听着是不错，但对于那些完全放弃掌控人生决定权的人而言却是十分艰难的。大多数人不能轻易地"放松"，因为他们从来都没有采取足够的行动来摆脱平庸的行为造成的生存窘境。工作应该带来目标感、使命感和成就感。这对每个人的精神面貌、情感满足和身体健康至关重要。人们为新时代这样"慢慢来"的心态摇旗呐喊，可是这种高深莫测的心态对任何人都无甚裨益。想想这种心态会滋生什么样的品质：懒惰、拖延、缺乏紧迫感、怠工、埋怨他人、不负责任、自以为是、不思进取等。

醒醒吧！你无法依靠任何人。没有人会替你照顾家庭或安排退休生活。没有人会为你"搞定"所有事情。唯一的办法就是以 10 倍的效率充分利用每一天的每一分和每一秒。只有这样，才能确保你达成自己的目标和梦想。幸福、自信、安全感和满足感来自利用你的天赋、投入精力去实现你所认定的成功。这需要你投入所有的时间，而这些时间由你掌控——也只能由你掌控。

| 练习 |

你每天工作多长时间?

_____
_____
_____

你每天浪费多少时间在无用的活动上（如看电视、抽烟、喝酒、睡懒觉，以及不出于谈生意的目的喝咖啡、吃午餐或开会）?

_____
_____
_____

你有什么浪费时间的坏习惯?

_____
_____
_____

关于时间，这一章教会了你什么?

_____
_____
_____
_____

第 18 章
批评是成功的标志

虽然被批评肯定不好受,但所幸受到批评是一个明确的信号,表明你正一路向好。不要将批评看作唯恐避之不及的事情;相反,一旦你想要大展拳脚,就要做好迎接批评的心理准备。

批评的定义是评判他人工作或行为的问题。虽然"批评"不一定意味着"暗示错误",但这个词经常被理解为持有偏见或否定的意义。字典中没有揭示的一点是:当你开始采取适量行动并因此创造成功时,批评往往就离你不远了。

当然,大多数人不喜欢被批评。然而,我却发现这是获得关注之后自然而然会产生的结果。这可能就是有些人一开始就避免他人关注的原因——为了避免被人评头论足。然而,如果不受人瞩目,就无法取得真正的成功。没错,人们会盯着你,并明确表示不赞成你的所作所为。让我们面对现实吧:无论你在生活中做出什么选择,总有人会在某个地方跳出来批评你。你愿意被嫉妒自己成功的人批评,还是愿意因为没有采取足够行动而被家人、老板或老师批评——难道不是前者吗?

一旦你采取足够的行动,很快就会被那些不作为的人评头论足。如果你正酝酿着巨大的成功,人们就会开始关注你。有些人会钦佩、仰慕你，有些人想向你学习，但不幸的是，大多数人会心生嫉妒。这些人会将自己不采取足够行动的借口包装成你行动错误的理由。

对此你要有心理准备，并将其视作成功的一个标志。当你开始真正采取10倍的努力时，批评就会随之而来——通常是在你的成就显山露水之前。你要当心，这种批评形形色色、五花八门。它一开始可能会以他人建议的方式现身："你为什么要在那一个客户身上花这么多精力？他从来没买过什么东西。""你应该多享受生活！你知道，生活并不只有工作。"人们说诸如此类的话，是为了让自己好受些，因为你的积极行动让他们相形见绌。记住：成功不是哗众取宠。成功是你的责任、义务和职责。

我有一个在路易斯安那州做围栏生意的朋友曾向我坦承："格兰特，我不想被人关注。一旦被关注，竞争对手就开始穷追不舍。我想保持低调，这样就没有人知道我在做什么。"虽然这当然是通往成功的一种方式，但你不能长期"保持低调"却奢望哪天能独占鳌头。为了避免引起注意（和随之而来的批评）而保持低调可能意味着你在某种程度上有所保留。害怕被攻击令你无法全力出击。然而，一旦让这些唱反调的人明确意识到你不会放弃，他们应该效仿你的成功，而不是批判指责，这时他们就不再会批评你，转而寻找其他刁难的对象。

手足无措的弱者通过攻击的方式来回应他人的成功。一旦你选择占据主导地位或攻城略地，就有可能成为这些人的目标。这种情况在政治领域早已司空见惯。当双方都没能拿出真正的解决方案时，他们只是相互批评和指责，而这毫无益处。来自任何个人或团体的批评都向受批评者发出信号，表明泼脏水的人受到了批评对象的威胁。像这样习惯性地贬损他人的人通常除了贬低对手，别无他法。

处理批评的唯一方法就是将其视作成功的一个要素。像恐惧一样，批评是一个信号，表明你采取了足够的正确行动，得到了足够的关注，引起了足够的轰动。有个客户最近致电我司，抱怨我的员工跟得太紧了。我回电询问他有什么问题。听了他对我的员工尽职尽责行为的一番诽谤之后，我说道："别闹了。他们只是在做自己认定正确的事情，因为他们知道我们可以帮助你。事实上，你迟迟不做决定并采取行动才应该受到批评——但我不会这样做，因为这对我们双方都没有任何好处。现在还是让我们抛开这些消极的东西，采取积极的举措来推动你的公司一路向前吧。"然后，我奖励了这名积极跟进客户的员工。收到有关于"跟得太紧"的投诉，表明我的员工正朝着正确的方向前进。我拒绝因这个客户的牢骚阻挡我们前进的步伐，并支持员工为此付出的努力。我们都明白，批评是成功的循环当中的一部分，我不会让任何一个追求成功的员工道歉。满足一下你可能的好奇心吧，我们最后的确做成了这笔生意。现在这个客户到处跟人说"那帮人像疯子一样穷追不舍"，言语间流露着钦佩与褒奖。

大学毕业后，我并没有从事专业对口的工作，而是找了一份全职销售的工作。短短几年里，我的销售业绩在行业所有销售人员中名列前茅，远远跑在了周围同事、伙伴的前面。如果你认为他们没有批评过我，那你可就错了。他们当然批评过我！他们冷嘲热讽，试图分散我的注意力，甚至试图说服我停止让我得以一步步走向成功的行动。这是表现差劲的人使的伎俩：他们否定别人的必要行动，以便自己能心安理得地不作为！表现出色的人，即胜者对此的反应是学习仿效成功人士，他们训练自己达到顶尖的水平。因为表现差劲的人不愿意行动起来并承担起提升绩效的责任，只能千方百计地把那些比自己表现优秀的人拉下马来。

当我的书《勇争第一，不甘人后》荣登《纽约时报》（New York Times）畅销书排行榜时，一些所谓的竞争对手随即开始将矛头对准我。有人声称这本书的标题"傲慢自大"。另一个人问道："卡登认为自己是谁？"还有一个人暗示我"太过自以为是"。有个人甚至打电话给我，声称书中有语法错误，告诉我要换个编辑。我关注这些评论了吗？一刻都没有。我写的书可是登上了《纽约时报》畅销书排行榜！

在我看来，批评是仰慕和钦佩的先导部队，并且无论你喜欢与否，它总是伴随着成功而来。不断地努力追求成功，迟早有一天，那些贬低你的人会因为你的所作所为而钦佩你。只要你将批评视为走向成功的标志并保持10倍的行动，那些一开始对你的行为评头论足的人后面就会对你大加赞扬。毕竟，有什么方式比不断取得成功能更好地回击批评呢？

| 练习 |

关于批评,你现在学到了什么?

_____
_____
_____
_____
_____

你最想听到别人对你的什么批评?

_____
_____
_____
_____
_____

你是否目睹过人们从批评转为钦佩?举三个例子说明。

_____
_____
_____
_____
_____

第19章
追求客户满意度是错误的目标

对批评这个话题的探讨自然而然地引出了另一个被过度使用甚至是滥用的概念——**客户满意度**。当我向人宣传10倍行动的理念时,听到的最早的质疑声就是担心客户满意度受损。他们担心,如果对客户跟得太紧或太过激进,就会在某种程度上损害其品牌的市场声誉。尽管我认为这不无可能,但更可能出现的情况是:如今市场上的产品和企业多如牛毛,人们甚至对你本人或你的公司闻所未闻,一开始也没有人会注意到你的品牌。与我合作的一家全国性有线电视公司的理事会成员曾颇为忧虑,担心高管们热推的新节目与公司品牌不符。我告诉他们:"如果你们不行动起来,将贴近当下现实生活且令观众欲罢不能的电视节目送到千家万户,那么,你们一心想维护的品牌将不复存在。"因为没有竭尽全力地完成工作而未能找到助力、争取到客户、达成交易,然后以维护品牌和客户满意度为借口逃避,这无异于拿着铲子自掘坟墓。

客户服务是错误的目标,增加客户才是正确的目标。这并不意味着让客户满意无关紧要。众所周知,只有让客户高兴满意了,才会有回头客和良好的口碑。如果你的产品、服务或投资不以满足客户需求为目的,那简直是罪不可赦,即使是按照书中所述的方法,也难逃画地为牢的结局。不过，你需要先抛开对客户是否满意的担忧，把主要焦点放在吸引客户关注和**开发**新客户上。

我来简单解释一下。我对自己的客户满意度丝毫都不担心！这是为什么呢？因为我知道，我们超额兑现了对客户的承诺，向客户提供了远超"满意"的服务。我们对每一个客户都超额兑现承诺，除非万不得已，否则从不轻易拒绝。在我的办公室里，我们从不讨论客户满意度。但我们的确仔细讨论该如何开发新客户，因为吸引客户参与我们的项目是唯一可以提高客户满意度的方法。你应该明白，不增加客户就不可能增加客户满意度。无论是注册、订阅我们每周免费指导建议的群体，还是花 30 美元购买我们书籍的读者，或是花 500 美元购买我们音频节目的听众，抑或是与我们签订价值 100 万美元长期培训合同的客户，我们总是拿出超出他们期待的表现。我只关心如何争取到更多客户，然后再向他们超额兑现自己的承诺。

我最担心的是非客户的满意度，也就是说，有人因为没有使用我的产品而感到不满意，甚至这些人可能都没有意识到自己不满意。我知道，唯一对我们不满意的客户是那些没有购买我们的产品或是有了我们的产品却没有正确使用的那些人。在我看来，让客户更充分地使用我们的材料、系统和流程是提高客户满意度的唯一途径。在大多数时候，没有争取到客户或客户误用产品是比客户满意度影响更大的"扣分点"。给客户发送的产品套装迟了一天是一个要处理的问题，但客户从来都没有购买过你的产品却揭示了另一个真正严重的客户满意度问题——你从来都没有争取到这个客户。第一个问题可以轻松解决，而第二个问题会让你寝食难安。

我四处寻觅潜在的客户，然后给予这些个人或公司客户充分关注，直到他们同意购买我们的产品，因为我知道，除非使用我的产品或服务，否则他们不会满意。这可不是王婆卖瓜，这是我笃信的事实。获取客户对于客户满意度至关重要，而且没有客户，何来客户满意度！对我而言，获得客户是最重要的。这和两性关系一样：首先是娶个妻子，然后让她幸福，而后生儿育女，再往后就是变着法儿地让每个人都幸福。这当中什么是最重要的？得先娶个妻子，再考虑怎么令她幸福，前者才是最重要的。

一个公司仅仅将注意力集中在让客户满意这一点上是不可能创造成功的。我认为，将注意力都放在让客户满意这一点上的趋势已经对获取客户造成了负面影响。大量公司深陷让现有客户"满意"的误区，许多公司甚至无法积极主动地开疆拓土，扩大市场份额。

客户服务是一个商业术语，用以衡量公司提供的产品和服务在客户购买之后如何满足或超过客户的期望。这项评估指标应该是客户忠诚度高的品牌与惨遭客户抛弃的品牌之间的一个关键区别。然而，我去过的大多数销售点从来没有在销售前为我提供足够的服务，让我首先成为他们的客户。高管们不顾实际情况大肆鼓吹客户服务的重要性，却忘记了在这之前首先得争取获得客户。大多数产品并不能充分吸引我的注意，我必须在此前提下考虑是否购买该产品。但不幸的是，大多数销售人员从不愿抓住机会提出让客户购买的建议，自然后续也就不会跟进了。因此，他们从未主动争取到客户。

我们为客户公司做的神秘顾客活动一次又一次地暴露出这个问题。大量公司面临的最大问题是它们首先就没有去争取客户。如果你有一个不合格的产品，例如，这个产品的功能与你宣称的不符，让人购买以后感觉上当受骗了，那么市场迟早会抛弃你。可大多数人失败的原因，并不是因为产品质量差或不如别人，而是因为他们从来都没有争取到足够多的客户！

星巴克提供的客户服务和咖啡天下第一吗？我不知道。但我的确知道，星巴克斥巨资让人们能够更容易、更方便地买到该品牌的咖啡。星巴克是否担心客户要花很长时间排队才能买到心仪的咖啡和受到接待？当然，但我向你保证，它首先关心的是如何获得客户。谷歌的搜索引擎、用户体验和服务天下第一吗？它是否希望能提升用户体验？当然，但它首先在行业中形成了强势主导地位，并吸引了大量的关注，最终成为用户首选的网站。我说这些话是什么意思呢？真正做到让客户满意的品牌从不谈客户**服务**，而是专注于获得客户。新兴的企业首先需要让人们了解它们，然后使尽浑身解数让这些人满意。记住，没有客户就不存在客户满意度。

美国的企业追求"客户满意"已经走火入魔，却忽视了排在第一位的、至关重要的一个因素：获得客户！正如美国南部的人们常说的那样："要有的放矢。"客户满意不应该是一个倡议，而应该是一个企业固有的责任，让企业得以将所有注意力都集中在获得客户上。吸引潜在客户或市场的注意，却不能让其成为自己产品和服务的用户并因此获利，这不仅毫无意义，也是代价最昂贵的错误。然而，太多企业都有这样的通病。

假设一家公司成功地吸引了我长时间的关注，虽然其产品在我的考虑范围内，但它并没有采取足够的行动来争取这笔生意并"搞定我"（即让我成为它的客户）。如果不成为客户，就不可能成为一个满意的客户。我举这个例子是想说，**不要本末倒置**。留意看看那些高管们是如何对客户满意度忧心忡忡，然后积极地针对已经成为其客户的人进行客户满意度调查，却完全忽略了那些没有成为其客户的人。这是一个巨大的失误，也是一个"独门秘籍"（在第 10 章讨论过）的生动案例，它将立刻教会你如何获取更多的客户。除了调查现有客户，也要从那些没有购买产品和服务的人那里获取信息，它将会揭示更多关于真正客户满意度的秘密！你难道不想弄清楚为什么没有争取到这笔生意吗？你以为是没有让客户满意，所以才没有争取到客户吗？大多数公司的失败并不是因为它们的产品、服务等不过关，而是因为它们从一开始就没有采取足够的战略行动来获取支持，即获取客户。这就是为什么我认为让客户满意是错误的目标，因为对于一个从未被发展成为客户的人，你甚至都没有机会去令他"满意"。

在这里，我并不否认争取到客户之后要让客户满意，而是在强调要将注意力再次聚焦到争取客户这一点上。除此之外也要明白，无论如何都不可能完全避免客户投诉。当然，你可以采取一些措施改善产品或服务。但和人打交道，你就要面对抱怨和不满。道理就这么简单。你能做的就是兵来将挡、水来土掩（而且我保证这种抱怨和不满一定会出现），并将它们视作与客户沟通的良机。而你需要的是让更多人与你的产品、服务以及公司产生互动。的确，与人打交道会时不时听到一些怨言，但同时也会收获一些赞扬。借助大量行动来扩大产品或服务的使用群体，而不是纸上谈兵、夸夸其谈，令员工从一开始就逃避争取客户的责任。

我创办首家公司的时候天真地以为只要与少数几家客户合作，一心一意专注于几个客户（从而让客户极度满意）就行了。我以为这会让我在市场中抢占先机，让我得以凭借优质的服务一鸣惊人。理想很丰满，现实很骨感。首先，这个计划没有让我达到一个必要的规模，建立起一家影响广泛的企业以吸引到关注，而我也远远没有占据市场主导地位，更不用说产生继续维持客户所需的现金流了。同样重要的是，这让我无法与足够多的成功人士交流分享。

当我最终找到了正确的思路，并致力于扩大自己的影响力和获得10倍数量的客户时，我将自己的曝光量翻了10倍，也不再像以往一样一直回避成功人士和企业，而是大量与之接触。我把注意力从只为少数几个客户服务转移到了大量客户身上，这让我能够更好地向更多人宣传自己和公司。我确实收到了更多的抱怨，但同时也收获了更多的赞美。事实上，比起失败的苦涩，我享受到更多成功的甜蜜，因为有越来越多的人使用我的产品和服务。我的研讨会和工作坊的参与人数快速上涨，这让我拥有了更多优质客户，并让我的理念和技术更广为人知。越来越多的人与合作者热议我的方法，后者又会告知其他熟人，然后口口相传。有越多人谈论我，我就越能扩大自己的影响力，得到更多的关注，获得更多的客户，然后让更多的客户满意。这样想一想：如果脸书和谷歌只为少数人提供服务，会取得更大的成就吗？如果答案是肯定的，我甚至都不会将它们作为例子写进我的书里。

让客户满意之道，并不仅限于获得客户之后如何服务他们，还应该关注一开始要怎么做才能争取到客户。你所获得的客户的质量将直接影响你的客户满意度水平。不追求数量就无法实现质量。此外，还要记住我们在前面章节中讨论过的：批评和抱怨是不可避免的，它们表明你正在茁壮成长。所以不要理会批评，迎接并处理抱怨，竭尽所能扩大自己的影响力。你服务的客户越多，就越有机会与优质客户互动。

有一点是要明确的：你肯定是想兑现，甚至是超额兑现自己的承诺。然而，如果你在获得客户之前就关注如何提供10倍的出色服务，那么争取到客户之后这自然也是水到渠成的事了。这句话的前提是你要有一个很棒的产品、服务、创意或投资标的。这么一来，你要做的就是为之争取更多支持。令人遗憾的是，如今每天都有成千上万的企业售卖劣质产品。虽然我当然不是建议你推销不合格产品或是牺牲产品质量，但我还是想要强调一个不幸的现实：占据市场主导份额往往胜过其他一切。销售劣质产品的公司往往把获得客户作为首要目标，将客户骗上贼船之后再去处理产品和服务中出现的任何问题。

世界上没有哪个企业能在限制客户数量的情况下斩获巨大的成功。苹果公司花了很长的时间吸取了这一教训。任何苹果的产品用户都会说微软的产品比不上苹果，可过去几十年，苹果曾被微软杀得落花流水。这背后的原因正是微软的产品面向大众，但苹果只关注一小部分人。请注意苹果在过去几年改弦更张，让自己的产品能够吸引大众。3%的家庭拥有一台苹果的平板电脑（iPad），63%的家庭使用多媒体播放器（MP3），而这当中苹果就占据了超过45%的份额。苹果公司显然正在采取"大量行动"，一步步扩大版图，剑指行业王者！

记住，即使你的产品和公司做到尽善尽美，也还是会收到客户的抱怨，因为客户也是人。你不可能让每个人都一直开心。害怕抱怨是错的，相反，应该鼓励抱怨、寻找抱怨、发现抱怨，然后解决抱怨。抱怨是客户告知你如何提升产品质量和服务的非常直接的方式。如果你处理每件事都担心会冒犯客户，那么你永远都不能在市场上占据主导地位。

让我们再以苹果公司为例进行说明。如今的苹果公司不太担心客户满意度的问题，不再将重心放在继续开发一物难求、大受追捧的产品上。苹果公司认定的目标依次是：①（借助由10倍努力创造出的惊世产品或服务）争取客户；② 在争取客户的过程中让他们对其出色程度留下深刻印象；③（通过重复购买、支持、口碑营销等方式）建立客户忠诚度。当你创建一个企业时，首要目标（尚且）不是追求让客户满意，而是要争取到客户，让客户口口相传，提高客户忠诚度，然后利用已有的客户去争取更多客户。我想让每个人都拥有我的产品，而不仅限于一些人。我想让普罗大众都知晓我和我的产品，而不仅仅是只有少数人知道。除非受众突破 60 亿，否则我不会满足。我想要每个人都向我一再回购，想要经常占据他们的脑海，并对客户及其公司产生影响，让他们甚至从来都不会产生找其他人来代替我的念头。

这种思路与过度执着于客户满意度不同，不会让销售团队成员担心会令客户感到不安、有压力和被穷追不舍，害怕这么做会让客户有意见。我知道有些销售团队成员如果收到客户投诉就会受到惩罚，这在我看来很奇怪，原因是这么做意味着这些抱怨和不满是可以避免的，可这显然无法避免。即使能做到，又为什么要避免抱怨呢？投诉、抱怨问题的出现是促成更多生意和解决更多问题的良机，同时也让顾客有机会将你为他们排忧解难的出色能力广而告之。

如果真的想找出企业在争取客户和提高客户忠诚度方面的不足之处，那就去针对那些没有争取到的客户展开调查。越早问他们越好，最好是在他们转身离去或拒绝交易之际。一定要询问他们对什么**流程**不满意，而不是对什么人不满意。你可以询问诸如此类的问题：

您在这儿待多久了？您见到经理了吗？

有人向您展示可供选择的产品吗？有人向您提出什么建议吗？

有人主动提出帮您把产品送到您家或办公室吗？

请随时拨打我办公室的电话，咨询如何针对你的特殊情况开展这项调查。我们可以帮助你确定要问什么问题，找到症结所在。

在你决定**不**购买一款产品以后，生产该产品的公司是否曾向你询问基于个人体验的反馈？你最近一次这样的经历是在什么时候？销售人员给予你足够的关注了吗？他们在你的决策过程中一直陪伴在你左右吗？他们有没有热情地与你会面，主动提出解决你的问题，让管理人员过来打招呼，向你展示各种选择，甚至是介绍产品或提出建议？有人打电话让你回来吗？我敢打赌，这些问题中大多数的答案都是否定的。**企业的失败并不是因为它们冒犯了客户，而是因为它们一开始就没有采取足够行动让这些人成为客户**。我向你们保证，这些公司会没完没了地开会，讨论如何提高客户满意度。它们会对那些购买自己产品的客户进行调查，而不会花时间询问那些没有购买的人为什么不买。不仅如此，大多数调查关注的是销售人员的过失，而没有将关注点放在企业的思维和流程有何不足之处。

记住以下行动重要性的顺序：争取客户是首要目标，其次是客户忠诚度，然后是客户口碑。这个方法能够让公司在产品开发和提升方面持续投入、改善流程、加强推广，最终真正做到让客户满意。

| 练习 |

是否有哪家你决定不购买其产品的公司询问过你放弃购买的原因?

_____
_____
_____
_____
_____
_____

比让客户满意更重要的是什么?

1.

_____
_____
_____
_____
_____

2.

_____
_____
_____
_____
_____

大多数企业失败的原因是什么？

_____
_____
_____
_____
_____
_____
_____

当你没有争取到客户时，可以询问哪些问题以进行调查？

_____
_____
_____
_____
_____
_____
_____

第20章
无所不在

"无所不在"这个词传达了无处不在的概念——包括一切时间和空间。你能想象如果你的品牌、公司和你自己能够时时刻刻无所不在会是什么样子吗？这会给你带来多大的影响力？尽管看起来似乎不太可能，但你应该以此为目标。世界上最有价值的东西往往是随处可得的。只有想方设法普及你的创意、产品、服务或品牌，才能积累真正的成功。人们最依赖的东西往往无所不在，从你呼吸的空气到你喝的水，到汽车烧的燃料、家里用的电，再到全球知名品牌产品，无一不是如此。这一切的共同点就是它们随处可得。你一直能看见它们，依赖它们，并已经习惯了它们作为必需品的存在，甚至在大多数情况下，天天都离不了。

想想像新闻这类看似显而易见的东西。电视节目、报纸、广播和互联网全天候播送新闻，因此新闻最经常萦绕在人们的脑海。我们清晨醒来一睁眼就看到它，在饮水机前谈论它，一整天都听到它，就连睡觉前都会在电视上看到它。

这就是你要采取的心态——让自己无处不在。要让人们经常看到你，以至于让他们经常想起你，一下子就能认出你的脸、名字或公司标志，不仅将它们与你的产品和服务联系起来，甚至会将它们与其他相似的产品服务联系起来。许多人误以为，只要打几个电话，上门拜访一两次，发几封电子邮件，就能以某种方式吸引人注意。但事实是，这些行为都不足以让别人想着你，从而产生明显的效应。你的目标设定是否正确，思维是否足够开阔？如果你还没做到以上两点，那你就需要以占据主导地位、无所不在为目标，找找其他方法，扩大自己的版图。

我最近的目标是让超过60亿人不断听到我的名字，直到耳熟能详。然后当他们一想到销售培训，就会想到我。尽管这看起来似乎不切实际且遥不可及，但对我的业务而言，追求无处不在就是正确的目标、思维、理念，也是一条必经之路。单是追求这样的宏图大志本身就是一次冒险。甚至在我尚未完全实现自己的目标之际，就会在追逐成功的路上大有斩获。这会带来金钱吗？肯定会！人们会购买我的产品吗？当然！我能让自己的创意大获成功，并为自己的任何目标争取到支持吗？一定能！

这样的心态让我们在决策的时候都能向目标看齐，推动我朝着让产品、公司、我个人和我的努力广为人知的目标前进！我们公司的所有决策都基于这样一个使命：向全世界介绍格兰特·卡登。尽管实现目标需要资金，但钱不是我们的首要关切所在。我们知道，努力追求无处不在的同时会产生效益。我们不问一个项目有多少成本，是否在预算内，或是有没有时间去做。我们问的是，这个项目是否能帮助我们完成让自己无处不在的使命？我们不会停下脚步，思索是否要出差或做小范围宣讲，也不会考虑结果会怎样。我们只是不允许任何借口和干扰限制我们开疆拓土。同样地，任何让你自己、你的品牌、产品或服务无处不在的尝试都会自动指引你的行动和决策。

这样的想法是不是太好高骛远了？对大多数人来说，的确如此。一定要这么做吗？这么说吧，除非你甘愿沦为平庸之人，否则这就是必由之路。不过如果你还纠结这一点，那就重读前面的章节，回顾一下为什么普普通通的目标会让你失败，为什么追求常规行不通。说说看，有哪一个伟大的公司不是无所不在的。可口可乐、麦当劳、谷歌、星巴克、菲利普·莫里斯公司（Phillip Morris）、美国电话电报公司（AT&T）、拉兹男孩公司（La-Z-Boy）、美国银行（Bank of America）、迪士尼公司、福克斯电视台、苹果公司、安永会计师事务所（Ernst & Young）、福特汽车公司（Ford Motor Company）、维萨（Visa）、美国运通公司（American Express）、梅西百货公司（Macy's）、沃尔玛、百思买（Best Buy）——这些名字随处可见。这些公司遍布每一座城市，有些甚至是遍布每个街角，大多数公司的身影出现在全世界的大街小巷。你看到它们的广告，知道它们标志的形状，甚至还能哼出它们的广告歌，不仅用它们的品牌名来描述它们的产品，在某些情况下，还用它们来描述其竞争者的产品。

有些个人也成功做到了无所不在，让自己的名字如雷贯耳，享誉全球，比如奥普拉（Oprah）、比尔·盖茨（Bill Gates）、沃伦·巴菲特、乔治·布什（George Bush）、巴拉克·奥巴马（Barack Obama）、亚伯拉罕·林肯（Abe Lincoln）、猫王埃尔维斯·普雷斯利（Elvis）、甲壳虫乐队（Beatles）、齐柏林飞艇乐队（Led Zeppelin）、沃尔特·迪士尼（Walt Disney）、威尔·史密斯（Will Smith）、特蕾莎修女（Mother Teresa）、拳王穆罕默德·阿里（Muhammad Ali）、迈克尔·杰克逊（Michael Jackson）以及迈克尔·乔丹（Michael Jordan）等。不管你是否喜欢他们，这些人都让自己闻名遐迩，或者至少让人们对他们的名字耳熟能详。

管理和掌控品牌的方式将决定长远的成功和生存能力。

我父亲总是向我强调下面这条宝贵的建议："你的名字是你最重要的财富。人们可以夺走你的一切,但他们无法夺走你的名字。"虽然我认同父亲对于名誉的重视,但如果一个人籍籍无名,那名字当然就变得不那么重要了。除非人们知道你是谁,否则没有人会注意到这个名字代表了什么。你必须让人们了解你,这意味着你必须得到关注。得到的关注越多,出现的场合就越多;遇到的人越多,就越能无所不在。所有这些都将让你有更多机会利用自己的美名获得更好的成就。

你听过这么一句话吗?"只要能帮助别人,哪怕是一个人也够了。"助人为乐固然是件好事——总比袖手旁观要好,但我个人确实认为只帮助一个人还不够。我知道这句话听起来颇有道理,它强调了助人为乐的重要性,但世界上有68亿人,其中大多数人其实都需要**某种**形式的帮助。你的目标必须也可以比"哪怕是一个人也够了"更为远大。为了实现这样的目标,就必须要让人们知道你是谁,你代表了什么!否则,你连帮助一个人都做不到,更别提去帮助68亿人了。

你必须时时刻刻都从无处不在的角度去考虑问题。这就是实现行业主导地位必不可少的10倍心态。如果矢志不渝地坚持采取10倍行动,日积月累,那么我向你保证,有一天你会发现这让你真正做到无处不在。你首先要做的就是打破籍籍无名的状态,让世界知道你愿意为此付出什么样的努力,然后坚持不懈地去做。虽然这听起来像是一件苦差事,但只有在目标太小、只为一己之私且没有达到目标的情况下,你才会觉得这是一件苦差事。我保证,当你站上成功之巅的时候就不会感觉到苦了。你可能想发财,但你为什么要发财?你想用这些钱做什么?有什么更长远的目的吗?毕竟,财富的意义决定了你能积累多少个人财富。也许你想积累财富，以帮助更多的人，改善全人类的生存状况。这就需要你做到无时无刻都无所不在，即无处不在。

你的目的越高远，就能为自己的10倍行动提供越多动力。这就是实现无所不在所必需的。富有名望和影响力的人之所以能获得这样的地位，是因为他们认为必须要实现自己的目的，并通过写书、写博客、写文章、做采访、受邀演讲以及其他方式不断为自己、为公司和项目争取关注。这些都是高瞻远瞩的结果。它不是苦差事，而是令人热血沸腾的事。只有当你的心态和行动都太过局限，且无法创造出足够的回报时，它才会变成一桩苦差事。你的能力远不止于此。一旦你确定正确的目的和与之匹配的心态，就会逐步走上10倍行动的轨道，同时也会发现自己如有神助，不断地在意想不到的场合亮相。

为了不让自己感觉人生像是在"干活"或是像踩滚轮的小仓鼠一样陷入无止境的无效循环，你必须对行动的数量有正确的思考。做到无所不在，即无时无刻都始终做到无处不在，这正是大多数人在自我期待和梦想孕育过程中所缺乏的那种大量思考。

你必须首先立下誓言，让自己的品牌、创意、理念、公司、产品或服务具备全球影响力。要做到这一点，就必须融入社区、学校、邻里等。你必须参加活动，提高曝光度，在当地报纸上撰写文章，并与你所在社区的人员建立联系。一旦参与，就要竭尽所能保持活跃，让人们看到你、读到你、听到你、想到你。抓住每一个传播自己声音的机会。口说笔述、开讲座，如果有必要，甚至可以到街边吆喝。全身心投入，让自己无所不在！

我自己以前也不懂，直到有一天当我受到那些不怀好意之徒的肆意攻击，不得不想办法对付他们时，才吸取了这个极为重要的教训。

当时我（一时冲动下）的本能反应是随即用身体回击，但这一定会造成两败俱伤。然而，妻子提醒我别忘了自己说过的话："最好的报复是巨大的成功。"她建议我化悲愤为力量，提高曝光量，让这些人每天一睁开眼、打开电视或开展业务活动时，都会看到我的面孔——这不断提醒着他们我做得多么风生水起。妻子这番有理有据的积极开导让我立刻静下心来，清楚地意识到最有效的反击方式不是任何形式的武力，而是斩获更多成功。

我没有把精力花在打击报复上，而是穷尽一切精力、资源和创造力做到无处不在，不断开疆拓土。把精力花在这上面，比花在痛剿穷追对手上值当多了。你也可以思考一下这个例子对于你怎么做到无所不在有何启示。遭遇这次攻击后，我立刻马不停蹄地忙碌起来，确保随时随地出现在大家的视野中。我撰写了自己的处女作，三个月后又写了一本。然后，我又完成了第三本书，并且，我的团队成员耗时数月，竭尽全力让这本书登上《纽约时报》畅销书排行榜——他们做到了！

我们的目标是尽一切努力将我的思想内容传播出去。我们开始借助 YouTube 和 Flickr（雅虎旗下的图片分享网站）向客户提供励志视频、销售建议和商业策略，并让他们转发给朋友。我个人在 18 个月内就录制了 200 多个视频，写了 150 多篇博客和文章，做了 600 次电台采访。然后我开始通过网络和有线电视在全国电视观众面前亮相。福克斯电视台、美国消费者新闻与商业频道（CNBC）、微软全国广播公司（MSNBC）、美国有线电视新闻网（CNN）广播电台和华尔街日报（WSJ）广播电台等纷纷邀请我上它们的节目。与此同时，我个人在脸书、推特和领英（LinkedIn）上撰写了 2000 多条帖子。所有这些，都建立在公司团队孜孜不倦地帮助我宣传的基础上。我的面孔、名字、声音、文章、方法论和视频开始出现在各个角落——很多时候甚至同时出现在各个角落。从来没有和我做过生意的人开始对我说："我走到哪儿都看得到你的名字！"那时的我完全专注于扩大自己的影响力，让自己为世人所知，而不是被一小撮批评我的人搅得心烦意乱。

我的生意彻底火了。机会开始一天天涌进门。我们开始受到关注，这些关注不仅仅来自我们关注的对象，也来自世界各地形形色色的人们。得益于这场宣传活动，现在也有人将我的书翻译成中文和德文。如今，来自法国、墨西哥、南非和其他国家的客户纷纷向我们咨询，对我们的销售培训项目和书籍颇感兴趣。美国和世界其他国家及地区的人们纷纷致电，向我们抛出了橄榄枝，同我们接洽电视节目和杂志文章的事宜。我不是在这里自吹自擂，而是向你展示当你在正确的水平上采取正确的行动，并开始以正确的规模思考时，会发生什么。

所有强大的公司、创意、产品和人物都是无所不在的，它们随处可见。它们是行业的主导者，成了其所在领域的代名词。真正的成功是用时间来衡量的。因此，如果你想长期保持一腔热血，让热爱永不褪色，就要将无所不在作为自己永恒的目标。只有让足够多的人知道并使用你的名字、品牌和声誉时，它们才能成为你最宝贵的财富。记住，**与和你过不去的那些人一争高下的最佳方式是让自己举世闻名，让这些人时时刻刻，无论是每天早晨睁开眼还是晚上睡觉前，抬眼看到的都是你的面孔和你成功的证明。**

| 练习 |

无所不在意味着什么?

_____

_____

_____

_____

你需要采取哪些措施才能变得无所不在?

_____

_____

_____

_____

采取大量行动,让市场将你的名字作为自己产品和服务的代名词有什么好处?

_____

_____

_____

_____

回击批评你的人的最佳方式是什么？
_____
_____
_____
_____
_____

第 21 章
借口

接下来,是时候来看看当成功没有发生时,你可能会找什么借口了。每个人都会找借口。大多数人实际上都有自己惯用的借口,总是故伎重施。我敢肯定现在这些借口开始一个个在你脑海里冒出来了,所以与其对其视而不见,还不如勇敢地直面这些内心的小怪兽,以免日后让你分心。

"借口"是对做或不做某件事的解释。我认为,字典里对这个词的解释暗示了借口是一个"理由"。然而,在现实中,借口通常不是你采取(或不采取)行动的真正理由。例如,假设你上班迟到的借口是交通拥堵,可这并不是你没有按时到岗的真正理由。你迟到的原因是没有为交通拥堵预留足够的时间,提早出门。**借口永远都不是你做或不做某件事的理由。它们只是你为了让自己对某件事情发生(或没发生)感到好受一些而对现实进行加工编造的产物。** 找借口无济于事,只有直击其背后的真正原因才能改变处境。借口是给那些拒绝为自己的人生和结果负责的人所准备的。束手束脚的人和抱着被害者心态的人总是找借口,这样的人注定永远要吃别人的残羹冷炙。

关于借口,首先要知道的是,它们永远无济于事,其次要知道自己经常找什么样的借口。下面这些借口当中是否有一些听起来有点儿耳熟?

我没钱，我有孩子，我没有孩子，我结婚了，我没结婚，我必须在生活中找到平衡感，工作量过大，工作量不足，员工太多，人手不够，领导很差劲、不帮我、总来烦我、态度消极、太讨厌，我不喜欢阅读，没时间学习，没时间做任何事，我们的价格太高了，我们的价格太低了，客户不回我电话，客户取消了会面，人们不告诉我实情，他们没有钱，经济形势不好，银行不放贷，老板很小气，没有或不能找到合适的人，士气低迷，别人态度恶劣，没有人告诉我，这是别人的错，他们不停地改变主意，我累了，我需要休假，合作伙伴很糟糕，我很沮丧，我生病了，我母亲生病了，交通拥堵，竞争对手免费赠送产品，我运气太背了……

听腻了吗？反正我是听腻了！我搜肠刮肚才想出了这么多的借口。你用过多少这样的借口？回顾上文，把你曾经说过的借口一一圈起来。然后扪心自问，这些借口当中有哪一个真正改变了你的处境？恐怕没有。

那么，为什么有这么多人频频要找借口呢？这有用吗？借口只是对现实的加工，并不能帮助你改善现状。"客户没有钱"这个事实无法帮助你做成生意。"只不过时运不济罢了"这样的事实无法改善你的人生际遇或让你转运。事实上，如果你长期用这样的话自我暗示，你就会开始抱有同样的预期，从而肯定会坏事连连。

因此，你必须逐渐明白找借口和找到事情背后真正合理的原因这二者之间的差别。本书关注的焦点在于成功者和失败者之间的诸多差异，其中有一个明显的差异就在于，成功者根本不会找借口。事实上，成功人士在找理由这方面也是不太合乎情理的，至少在为失败找理由这一点上如此。我永远不会给自己找理由（也不会让别人替我找），为什么我没能把产品推向市场、筹集到足够的资金或达到一定的销售额。因为在我看来，答案无济于事。没有任何理由可以改变这些事实或情况，而我能找到的一切理由都只是有待把握的机会。你给自己找的任何理由都只会给别人找到解决方案提供机会。请记住我在这本书中反复强调的："没有什么事情是偶然发生在你身上的；一切皆因你而发生。"你的借口因你而存在，也是决定你能否成功的一个主要因素。

如果你将成功作为一种可有可无的选择，那么成功也不会选择你，道理就这么简单。世上没有任何借口能够帮助你取得成功。自怨自艾和找借口是一个人缺乏责任感的标志。"他没有购买我的产品，因为银行不愿提供贷款。"不，他没有购买你的产品是因为你无法为潜在客户争取到必要的融资。第一种说法并没有对事件负起责任，而第二种说法不仅负起了责任，还找到了解决方案。一旦增强了责任感，且拒绝再找任何借口，那你就可以放手去寻找解决方案了。另外一个好处是，你还能够避免将来重蹈覆辙。

物以稀为贵，因此多到泛滥的东西鲜有价值。人们似乎总能源源不断地找出各种借口。这些借口多到泛滥，因此毫无价值。因为它们没有推动你百尺竿头更进一步的渴望，所以找借口就是白白浪费精力。如果要按照本书所教的方法追寻成功——不把成功作为一种选择，而是将其作为你的责任、义务和职责，那么你就必须尽全力做到**永远不为任何事情找借口**！不允许自己、团队、家人或企业组织的任何一个人找这样那样的借口作为失败的理由。正如老话所说："成事一切在我。"

| 练习 |

借口和理由有何区别?

_____
_____
_____
_____
_____
_____

关于借口,你知道哪两点?

_____
_____
_____
_____
_____
_____

你惯用的借口是什么?

_____
_____
_____
_____
_____
_____

第22章
成败之间

我一生中大部分时间都在研究成功人士，从中发现了他们与那些成就平平的人之间的差异，然而这些差异可能会出乎你的意料。成功与否，与经济状况、教育情况或特定的人口特征无关。虽然这些经历和情况确实对个人及其观点有所影响，但它们归根结底并不是人生的决定性因素。我可以证明给你看，有些没有受过教育的、在不完整的家庭和糟糕的环境中长大的人，依然能靠自己的努力一步步取得惊人的成功。

成功人士谈论、思考以及处理各种情况、挑战和问题的方式异于常人，他们对金钱的看法也和大多数人不同。本章中罗列了成功人士身上常见的品质、人格特质和习惯，并分别附上我对其含义的解读。这将让你更清楚自己该养成什么样的习惯和特点，同时鼓励员工和同事也这么做。成功的唯一法门就是效仿成功人士展开行动。成功和其他任何技能一样，复制成功人士的行为和心态，就能创造属于自己的成功。

基于对成功人士及其行事方法的研究，我发现的制胜秘诀如下：

1. 抱有"能做到"的态度

拥有这种态度的人，对待任何事情都抱着无论如何都能做到的心态。他们经常说"我们能做到""让我们一起来实现……""让我们一起来解决……"这样的话，而且他们总笃定解决方案是存在的。这些人谈话从分析问题和解决问题的角度出发，并且以积极的态度谈论挑战。即使是面对最令人望而生畏或看似不可能的情况，他们也会自信应对。这种态度比产品质优价廉更为宝贵，同时也是帮助你付诸10倍行动的不二法门。如果你不愿意以这种能做到的态度来对待每件事，那么你就无法真正实现10倍思考。即使你还要多费点功夫才能找到解决方案，你也必须相信并向他人传递出这样的信息：解决方案确实存在。把这种"能做到"的观点融入你的语言、思想、行动，以及对周围所有熟人的回应当中。日复一日地灌输，帮助公司上下都养成这种态度。即使是最不可能的要求，也要以"能做到"这一态度来回应。让自己和同事都将"可以做到，没问题，我们会处理的！"这样的回应变为常态——除此之外，不接受任何其他的回应。

2. 相信"我会想办法解决的"

这种观点与"能做到"的态度如影随形。同样，它指的是那些总想负起责任和解决问题的人。即使你不确定某件事情该怎么做，最好的回答也应该是"我会想办法解决的"，而不是"我不知道"。一个不仅没有掌握情况而且也不想去了解情况的人，是无法受到他人重视的。这样的回应既无法帮助你获取他人信任，也无法提升自我能力。如果不知道，就径直告诉别人你不知道，这种观点我并不认同。这么说有什么用？你真的想吹嘘自己的无能吗？还是你认为市场或客户特别看重诚实，甚至到了要你坦诚自己在浪费对方时间的程度？你可以承认自己对什么东西不熟悉，只要你承认之后紧接着承诺自己会想办法解决或找人解决就行。面对任务两手一摊是无济于事的。告诉自己，也告诉他人，你愿意采取一切必要行动去想办法解决问题！代替"我不知道"的另一种回答方式是"好问题，让我调查一下再想办法解决"。在这种情况下，你依然很诚实，但不是暗示自己无能，而是给出了一个解决方案。

3. 抓住机会

成功人士将一切情况，甚至是问题和抱怨，都视作机会。别人眼中的困难，在成功人士看来，如果得以解决，就等同于新产品、新服务、新客户——可能还意味着财务上的成功。请记住：成功就是克服挑战。因此，不经历困难的洗礼是难以获得成功的。什么样的挑战并不重要，只要你处理得当，就会得到回报。问题越棘手，机会也越大。当整个市场以及市场中的所有人都对这一问题无计可施时，它就变成了你弯道超车的机会。唯一能够脱颖而出的人，是那些盯住机会的人，因为这些人将问题视作成功的机会。这样的人能够利用手头的问题让自己脱颖而出并主导市场。经济衰退、失业问题、住房困难、冲突问题、客户投诉、公司倒闭等，数不胜数的情况在大多数人眼里都只是挫折阻碍。如果你能学会把这些事情视作机会而非问题，就能拔得头筹。

4. 热爱挑战

尽管许多人厌恶挑战并以此为借口让自己陷入冷漠，但成功人士却将挑战视作一种鼓舞和激励。我认为，人们之所以会认为自己无法应对，是因为他们从未采取足够的行动来获取足够的成功。成功会催生更多的成功，而失败则很有可能会带来更多的失败。挑战是使成功者的能力得到锤炼的一段经历。为了实现目标，你必须让每个挑战都成为你的动力。生活可能相当残酷，随着时间的推移，人们可能会蒙受一定的损失。而当面对这样的情况时，许多人脑子里甚至自动地将自己面临的每一次新挑战都等同于损失。然而，有很多办法可以自我疗愈，从而不让过往的人生苦难剥夺了自己满怀热情地迎接新挑战的机会。

当你对未来抱着更积极的态度时，你就会逐渐将挑战视作激励自己行事的动机，而不是将其视作逃避的借口。你必须让自己重新认识"挑战"这个概念，并且要明白每一次挑战都提供了一个获胜的机会。不要自欺欺人，在生活中获胜是至关重要的。每分每秒你的大脑都在持续不断地自动记录着你人生的胜平负，而这一切都基于你对自己全部潜能的认知。在生活中赢得越多胜利，就会拥有越多潜力，也会越来越热爱挑战。

5. 寻求并解决问题

成功人士喜欢寻找问题，因为他们知道几乎每一个问题都具有一定的普适性。某些行业实际上制造了一系列问题，这样它们就可以通过向你出售产品来"解决"这些问题了。（想想这些年来你因为"需要"而购买的一切。你真的需要它们吗？抑或是你深信它们会解决一些你可能遇到或没遇到的问题？）流感疫苗就是一个很好的例子。许多人认为流感疫苗是必要的，但医学上却对此存在分歧。问题之于成功人士，就如同一顿饭之于饿汉。给我一个问题，不管是什么问题，只要我把它解决了，就会得到奖励，并且我有可能借此成为盖世英雄。问题越大，被解决后就会有越多人受益，你的成就也就越辉煌。通过寻找问题来为公司、员工、客户、政府排忧解难，从而助力自己跻身成功人士之列。全世界的人都会碰到问题，不幸的是，他们还会制造问题。让自己鹤立鸡群的最快且最佳的方法是让自己成为一个改善现状的人，而不是一个搅局者。

6. 坚持直至成功

不管面对何种挫折、意外、噩耗和阻力，都能坚持既定的道路，让自己不管在什么样的条件下，都能坚定不移、毫不动摇地维持某种状态、目的或行动——这是成功人士的共性。我向你保证，至少就我本人而言，与其说我天赋过人，倒不如说我善于坚持。这并非某些人的特质，而是每个人都可以，也是必须要培养的品质。孩子们似乎天生就表现出这种品质，直到他们通过社会交往或父母教育逐渐意识到，这并不是大多数人的行为方式。然而，这种品质却是让一切梦想成为现实所不可或缺的。

无论你是销售人员还是政府官员，雇主还是雇员，都必须学会如何在各种情况下坚持到底。世界上仿佛有某种近乎万有引力般的力量或自然而然的倾向，阻碍着人们坚持到底。这就像宇宙为了看你能坚持到什么时候，而不断地逼迫你去直面它。我知道手中的任何一项任务都需要我坚定不移地付出 10 倍的行动，直至一切阻力都化作支持。我不试图消除阻力，而只是这么一直坚持下去，直至柳暗花明，直至自己的想法历经大浪淘沙得以坚持下来。例如，有个人在脸书上找我的茬儿，我曾试图博取他的认同，却无功而返。不过，我没有删除那个人，而是询问在脸书上关注我的人对此有何看法，并借势驳斥他的观点，进而让关注我的人更好地支持我。就算最终没有得到支持，可我只要坚持如饥似渴地不断追求成功，那么任何其他阻力也都将灰飞烟灭。

对于任何憧憬不断获得成功的人来说，坚持是一件制胜法宝，因为很多人已经放弃了自己与生俱来的这种能力。当你重整旗鼓，训练自己采取一切必要行动确保以最佳的精神、情感和财务状态坚持到底的时候，你会发现自己已赫然出现在成功人士的榜单之上。

7. 甘冒风险

有一次我去拉斯维加斯，坐在我旁边的一个人说道："这些赌场总能赚得盆满钵满，因为来这里玩的人从不愿意冒足够大的风险去彻底击败赌场。"我并不是让你去掀翻赌场；然而，这个人的一番话提醒了我，我们当中有多少人接受的教育是要谨慎行事、保守一点儿，因此，这样的人从来没有真正"尽力争取"过。生活与拉斯维加斯赌场并没有太大区别，你必须在游戏中有所投入才能得到回报。有时你**必须**要冒险，而成功者对此却已习以为常，且甘之如饴。在生活和商业这样实打实的大赌场里，你是否真正承担起足够的风险去创造自己渴望和必需的成功？大多数人并没有走到足够远，远到足以让自己获得认可、收获关注和造成重大影响。他们只是尽量保全自己的名声、地位或某些既有的状态。成功人士愿意放手一搏，他们倾尽所有，并且也知道，无论结果如何，都可以回到原点再来一次。他们允许自己被全世界批评、审视和看到，而失败者则畏畏缩缩，谨慎行事。记住那句老话："不入虎穴，焉得虎子。"在这种时候，要让家人和朋友都支持你摆脱求稳的态度，勇敢去冒险，这一点至关重要。

8. 不按常理

不按常理并不是一种错误，它指的就是不合常理。在《勇争第一，不甘人后》这本书里，我介绍了这样一种理念：成功的销售人士在与客户交往的过程中，必须不按常理出牌，这样才能达成交易。这显然与我们大多数人所接受的教育，即理性和逻辑背道而驰。不按常理要求你不按照理性思维和现实情况采取行动。没错，这正是我要你做的！大多数人看到这个定义时会一头雾水，认为我这是让他们瞎搞。然而，成功人士却能认识到不按常理行动有多重要。他们知道自己不能按部就班。如果这么做，所谓的"不可能"对他们而言，就永远不会成为可能。10倍法则的实践者必须拥有不按常理的思考和行动，否则终将难逃泯然众人矣的命运，不得不捡别人的残羹冷炙才能生存下去。不按常理并不意味着精神状态的不稳定——说句实话，谁不是偶尔癫狂呢？不按常理指的是拒绝认定所谓"理智"的合理行为，因为这些行为永远都无法让你达成所愿。世界上大多数人都遵照某些愚蠢无用却看似合理的规则行事，可这些规则只会继续束缚你的手脚，让你步履维艰。想一想，如果没有人敢于做他人认为"不合常理"的事情，会有汽车、飞机、游轮、电话和互联网等千千万万我们如今认为是理所当然的事物吗？如果没有不按常理出牌的人，人类就无法创造出任何出色的成就。因此，成为一个"不按常理"出牌的人吧，这样的人通常会给这个世界带来巨大的改变。

9. 以身犯险

从孩提时起，总有人试图让你远离危险。"小心"是父母反复叮嘱孩子的口头禅，而父母购买的各种产品也旨在使其成为家里的"保护伞",实现保护孩子的目的。不幸的是,许多人过分追求避险,从而放弃了真正的生活!回顾人生,你可能会发现"小心翼翼"给自己带来的伤害比以身犯险有过之而无不及。

想想你最近一次受伤时的情形。受伤的前一刻,你也许在试图保护着什么。小心翼翼的状态要求你谨慎地采取行动,然而,小心翼翼永远无法给予你10倍的行动。大量行动要求你把谨慎抛诸脑后,纵使让自己身处险境也要义无反顾。与有权势的人共事本身就是危险的。你想从某个亿万富翁那里得到真金白银的投资吗?想实现年薪百万吗?想让你的公司上市吗?如果答案是肯定的,那么你必须愿意以身犯险,因为这些情况会对你提出更高的要求。欲成大事,就必须接纳危险。确保自己不被危险吞噬,其方法就是加强训练,这样才能击退危险。

10. 创造财富

对待财富的态度尤其关乎财务上的成败。穷人认为他们要工作赚钱,终其一生要么把钱花在毫无意义的地方,要么拼命地存钱,沦为守财奴。成功人士知道钱已经在那儿了。他们思考的是如何通过新创意、新产品、新服务和新解决方案来创造财富。成绩斐然的人知道任何匮乏都束缚不了他。他们知道,金钱本就取之不尽,并且会流向那些创造产品、服务和解决方案的人,而财富也并不局限于钱。你离金钱涌动的洪流越近,就越有可能为自己的事业创造财富。

不要从赚工资和攒钱的角度去思考,而要从创造金钱和财富的角度去思考。想想看如何借由优秀创意、优质服务和有效的解决方案去创造财富。例如,看看各大银行是如何运作的。它们创造财富的方式是迫使其他人要么把钱交给它们，要么从它们那儿借钱。再想想富人买房产坐收租金的这种方式，他们只需拥有房产就能够创造财富。有些人投资自己的公司，这么做是为了增加财富，而不是增加收入。从另一方面来看，这些富人用于创造财富的手段，失败者却要掏钱购买。收入要征税，但财富却不要。请记住：你不需要"赚"钱。钱已经在那儿了。金钱并不是稀缺品，真正稀缺的是创造财富的人。将注意力从省钱和存钱转移到创造财富上，你就能拥有成功人士的思维。

11. 欣然采取行动

这个标题充分概括了本书的主旨（我希望这个主旨迄今为止已经相当显豁了！）。成功人士会采取那些令人难以置信的大量行动。不管这样的行为看起来如何，这些人都很少不作为，即便在度假的时候也是如此（问问他们的配偶或家人就知道了）。无论是让别人为之采取行动，还是吸引人们关注其产品或创意，或是夜以继日地拼命工作，成功人士在没有闯出名堂之前，总是借助这样或那样的方式不断奋进。那些不成功的人对行动计划夸夸其谈，但从来没有真正对自己声称的计划采取行动——至少没有采取足够的行动让自己的愿望成真。成功人士认为自己未来的成就依赖于行动上的投入，这些行动上的投入当下可能不会有回报，但长年累月持续不断、坚持不懈地采取行动，迟早会结出硕果。

大量行动是我确信自己能一以贯之的事情，即使是在困难时期也是如此。行动能力是决定你获得成功的一个主要因素，同时也是你日常必须坚守的一项纪律。这并非"上天眷顾"赋予我的天赋或性格，而是一个必须逐渐养成的习惯。对我而言，懒惰和不积极行动是道德问题。在我看来，懒惰是不对的，也是不能接受的。这不是某些臆想出来的疾病导致的"性格缺陷"，就如同积极行动的人也并非"天赋异禀"一样。没有人生来就是短跑健儿或马拉松健将，就如同没有人生来就比其他人更具行动力一样。行动是创造成功的要素，也是让你成为成功人士的唯一决定性品质。无论你是谁，过去取得了什么样的成就，你都可以培养这个习惯，让自己更上一层楼。

12. 总是给予肯定的回应

要在生活和职场上做到全力以赴，就必须对一切给予肯定的回应。你会看到成功人士频频给出肯定的回应，并不是因为他们能做到，而是因为他们**选择**给予肯定的回应。他们热切地接纳生活，意识到肯定的回应蕴含着更多活力和可能性——这样的回答显然比说"不"要积极得多。当客户向我提出要求时，我会说："好的，我很乐意、很愿意或很想为您效劳。"我有句格言："不到万不得已，否则我不会拒绝。"向别人说"不"是一种好办法（在你**不得不**这么做的情况下）。当你可以选择做或者不做某件事的时候，总是要给予肯定的回答！人生就要活得精彩，可如果你总是拒绝，就不可能活得精彩。尽管许多人知道在什么时候说"不"至关重要，但实际上大多数人都不敢冒险跨出去，敞开双臂去体验生活。他们拒绝尝试层出不穷的新事物和新体验，而这正是他们应该做的。你心知肚明，自己内心总是抱着拒绝的想法，随时准备脱口而出——而这拒绝的想法背后又有 100 个不能、不该或者没有时间去做的理由。试试看，从现在开始，给予肯定的回应，直到你取得了足够耀眼的成就，因而不得不开始说"不"，并且开始管理好自己的时间，分配好自己的精力。

在那之前，让给予肯定的回应成为你奔赴成功路上的一个好习惯。给予你的孩子、配偶、客户、老板肯定的回应，最重要的是，给予你自己肯定的回应。这将助力你开启新的冒险，找到新的解决方案，在成功的路上更上层楼。

13. 养成全身心投入的习惯

成功人士坚持全身心投入，某些情况下他们甚至要倾尽全力。这又回到了我前面所说的"孤注一掷"这一点上。此外，这还涉及以身犯险，以及拒绝谨慎行事。失败者鲜少全身心投入。他们总是纸上谈兵，即使全身心投入，通常也只是将精力浪费在有害的行动和习惯上。全身心投入实际上正是人们所缺乏的。有太多的个人和组织没有完全投入到他们的活动、责任、义务和职责中去，以确保他们能完成任务。要想获得成功，关键在于不要只是浅尝辄止，而是要一头扎进去！始终保持全身心的投入意味着不退缩。就像跳水一样，一旦你决定一头扎进去，就不能半途而废。

比起那些任何时候都要深思熟虑才行动的人，我更喜欢那些能一头扎进去且全身心投入的人。全身心投入标志着一个人对问题或行动做出彻底的承诺。成功人士能洞见种种问题，把注意力集中在对自己或他人所做的承诺上。他们从始至终都紧盯着结果或行动。当我致力于确保为自己、家人、项目或公司争取成功时，这就意味着我会尽力采取一切必要行动来兑现诺言。承诺不容你找借口，也不能讨价还价或是"放弃"。以成功者的心态全身心投入，并让与你共事的伙伴和老板见证你的行动。

14. 坚持到底

正如嗜酒者互诫协会内部流传的一句话："半途而废让我们一事无成。"对于协会会员来说，这意味着如果你喝酒，就无法保持清醒——即使只是一滴也不行。在追求成功和成就的路上，半途而废除了让人筋疲力尽，无法带来任何成果。这也解释了为什么大多数人把工作视作瘟疫，唯恐避之不及。只有那些坚持到底，直至确保任务完成的人，才能体验到工作所带来的成就感。一切行动在成功之前，都不算完成。除非让潜在客户成为客户，或者让潜在投资者成为投资者，否则就不算坚持到底。这看起来似乎很苛刻，但如果你给一个客户打了 50 次电话，却没有达成交易，那还不如根本就不要给这个客户打电话。在这种节骨眼上，人们就会开始遵循常理，因而也就功败垂成了。你要做的是全身心投入，彻底挣脱常理的束缚，坚持到底。不接受任何借口！不允许半途而废！

15. 聚焦"当下"

成功者只有两个时间：当下和未来。失败者把大部分时间都用于缅怀过去，把未来视作拖延的机会。而成功者则不同，他们活在"当下"，用它来创造自己渴望的未来，并主导当下的处境。你不能重蹈失败者的覆辙，绞尽脑汁地寻找借口拖延，相反，你必须在其他人思考、计划和拖延之际，通过大量行动养成纪律，形成肌肉记忆并取得成就。立即采取行动让成功人士得以为自己渴望的未来谋篇布局。成功人士明白他们现在必须不断采取行动。他们很清楚拖延是致命的弱点。

10 倍法则要求你立即采取大量行动。任何可以在此刻采取行动却拖延的人永远无法获得由立即采取大量行动带来的动力和信心。例如，我曾经要求每个员工，甚至包括行政人员，每天都要打 50 个电话。每听到这话，员工个个面露难色，好像手头有很多事情要做，不可能完成这项任务。因此，我告诉他们："你们每个人有 30 分钟的时间打电话，快去！"然后我走进自己的办公室，在 22 分钟内打了 28 个电话。

在这种情况下，你不能让哪怕一秒钟的担忧或权衡踟蹰来耽误自己，因为花在思考上的每一秒钟都是在浪费你行动的时间！当你停止思前想后、盘算拖延，只专注于不断行动并养成"现在就采取行动"的习惯时，你会惊讶地发现自己能做很多事。虽然这可能会让你觉得自己总是在忙个不停，总是不由自主地就做出了反应，但这也会让你养成行动的习惯。行动是必要的，没有哪个时刻比现在更为宝贵。当其他人还在思考怎么做的时候，你已经做完了。那些坚持不断行动的人将很好地适应社会，技能也会得以提升。训练自己养成现在就行动的习惯，不要拖延。我向你保证，现在付出的大量努力将迅速提升你的工作质量，并推动你以更坚定的信念和更大的把握向前迈进。

16. 展现勇敢

勇敢是一种促使人们不顾恐惧直面危险的思想品质或精神。在面对某些情况鼓起勇气采取行动之前，鲜少有人觉得或被视作是勇敢之人；相反，只有在不顾恐惧采取行动之后，才能被称之为勇敢。英雄战士在经历艰难险阻的洗礼之前，从不以勇敢自居。对他们而言，只是做了当下要做的事情而已。

你经常会发现，成功人士总是带着信心十足、信念坚定的气场，泰然自居，甚至还带着一丝傲气。在先入为主地认定他们不知为何总是"天赋异禀"之前，你要知道，这些品质源自他们所采取的行动。越频繁地去做那些让自己略感恐惧的事情，就越会被人视作勇敢，也越容易吸引到他人。勇敢属于行动派，而不是那些瞻前顾后和迟疑等待之辈。磨炼勇敢品质的唯一方法就是采取行动。虽然你可以通过训练来提高自己的技能和自信，但只有通过行动，尤其是做那些令自己恐惧的事情，才能变得勇敢。谁想和一个轻易屈服于恐惧的人做生意或给予这样的人支持？如果团队缺乏行动的信心和勇气，又有谁愿意投资他们的项目？

我在最近接受的一个采访中被问道："是不是没有什么能让你感到恐惧的？"这个问题令我惊讶，因为我明白恐惧的滋味。我想我看起来之所以无所畏惧，是因为我采取了第四级行动——你也可以这么做。主动出击，占据主导，关注未来，然后不断尝试，这样就能助长你的勇气。多做一些令自己恐惧的事，恐惧就会渐渐淡化，直到这些事变得习以为常，甚至你还会觉得奇怪，自己一开始为何会为之感到恐惧！

17. 接纳改变

成功者喜欢改变，而失败者竭尽所能阻止改变。试图阻止改变，又怎能创造成功呢？不可能的。虽然我们不要矫枉过正，但也应该不断优化自己的行动。成功人士会密切注意事态进展。他们寻找即将到来的潜在的市场变化，并接纳这些变化，而不是将之拒之门外。成功人士观察世界是如何变化的，并利用它来改进自己的行动，打造自身的优势。他们从不躺在过去的功劳簿上。他们知道必须不断调整和适应，否则无法成为常胜将军。改变不是人们避之不及的洪水猛兽，而是让你保持满腔热血的强心剂。在这一点上，苹果公司的史蒂夫·乔布斯就是一个很好的例子。他总是在竞争对手赶超或消费者厌烦之前对产品做出改变。乐于接受改变是成功人士的一大优秀品质。

18. 确定并采取正确的方法

成功者知道他们可以准确界定什么方法有效，什么方法无效，而失败者只是一味地"埋头苦干"。所谓的正确方法可能是有关如何建立一个缓和市场关系的公关项目，为消费者提供正确的工具，或是迫使管理层建立尽可能强大的人脉，寻找最佳的早期投资者，抑或是雇用最高素质的员工。无论采用什么方法，成功者都不会考虑怎么埋头苦干（即使他们也**愿意**这么做），相反，他们会思考如何才能"聪明"地工作，寻求并使用正确的方法来解决问题，直至成功。失败者总觉得工作困难，因为他们从来都没有花足够的时间来改进自己的方法，让工作事半功倍。我刚开始做销售员的那三年只是一味埋头苦干，收效甚微。后来我花了两年时间和几千美元改进了自己的方法——销售对我而言，便不仅仅只是"干活"了！

成功人士会投入时间、精力和金钱用于自我提升。因此，他们不关注工作有多辛苦，而是关注结果能带来多少回报！当你因完善了自己的方法而取得胜利时，就不会觉得这是在干活，而是会产生一种成就感。没有什么比成功的果实更为甜蜜的了。

19. 打破传统观念

站在金字塔顶端的那些人往往不拘泥于单纯的改变，而是挑战传统的思维和观念。看看像谷歌、苹果和脸书这样的企业，你就能从中窥见企业如何挑战传统并屡屡创新。它们打破过往成就，寻求更高层次的突破。成功人士总是在创造新范式，而不是因循守旧。不要被陈规和成见所束缚，想办法利用那些让别人束手束脚的传统思维。

成功人士被称为"思想领袖"，因为他们擅于利用前瞻性思维来勾画未来的蓝图。我创建自己的首个公司时，秉承的理念就是通过提出更好的客户服务方式，打破行业根深蒂固的传统观念。成功人士并不关心"陈规旧律"，他们感兴趣的是如何找到更好的新方法。他们研究为什么汽车、飞机、报纸和住宅在过去50年里没发生什么大变化，并想方设法地创造出一个新市场。要注意：这些人也能够在保持公司现有架构的同时挑战传统观念，并将新产品推向市场。他们并非为了改变而改变；他们这么做是为了策划更好的产品、建设更好的关系和环境。成功人士乐于挑战传统，以找到更好的新方法来实现他们的目标和梦想。

20. 以目标为导向

目标是一个渴望实现的目的，通常是个人或公司为了更上一层楼必须完成但尚未完成之事。成功人士具有高度的目标导向性，他们总是更关注目标而非问题。他们的投入和对目标的专注让他们似乎能够咬牙坚持到底。太多人将更多时间花在了购物这种小事上，而不是设定重要的生活目标上。**如果你不专注于自己的目标，那么你将穷尽一生为他人做嫁衣，尤其是为那些以目标为导向的人做嫁衣。**

目标对我来说非常重要。我在每天开始和结束的时候，都会把目标写下来并回顾一番。每当遭遇失败或挑战时，我都会拿出便笺簿，再次写下自己的目标。这有助于我将注意力集中到前进的方向和渴望达成的目标上，而不是纠结于当下的困难。能够专注于目标并朝着实现目标的方向努力，对成功而言**至关重要**。虽然我尽量做到聚焦当下，但我还是会把大部分注意力放在实现目标的大局上，而非仅仅着眼于正在执行的任务。

21. 保持使命感

失败者总是从工作的角度去思考问题，而成功者却将行动任务视作神圣的使命，而非干活或者纯粹的"工作"。成功的员工、雇主、企业家和市场变革者将日常活动视作会带来重大改变的关键任务的一部分。他们总是高瞻远瞩，志存高远。除非你将工作当作使命，否则它就永远"只是一份工作"而已。你必须以努力改变世界的满腔热忱开展每一项活动。不要把电话、电子邮件、销售拜访、会议、汇报和办公室坐班当成工作，而应该将其视作打响名声的使命任务。如果不采取这样的态度，你将永远被工作困住，而且也不能获得太大的满足感。

22. 保有强烈的动机

动机是指受到激励并采取行动的行为或状态。要想成功，关键就是要受到激励、鼓舞和驱使，从而采取行动。尽管动机的定义表明行动的背后有因可循，但对成功人士的研究也表明，他们积极的行动源于对目标的专注和使命感的驱动。失败者动机匮乏，犹豫不决，缺乏明确的目标。强烈的动机显然对10倍的行动和坚持至关重要。这不是那种延续几小时、一天或一周的热情；它是基于你每天所做的事情来激励自己行动和继续前进。成功人士孜孜以求，不断探寻促使自己再接再厉的动因。这或许是他们为何永远不会满足的原因。

当他们不断在新动因的驱使下前进时，就能实现一个个新目标，并持续酝酿下一个目标。他们总能受到鼓舞，不断提升自己的行动力和成就。

我在自己的研讨班上最常被问到的问题是："你如何保持前进的动机？"答案就是，不断创造新的动因，让自己全力以赴。失败者总是认为："如果我能拥有'那个人'所拥有的一切，就可以退休了。"但我一点儿也不相信这种说法。首先，这些人并不知道这句话是否属实，因为他们搞不清楚自己在成功面前会有何反应。他们要创造的成功极有可能包含了持续产出以不断推动事情进展的职责和义务。动机源于自己的内心。我无法让你产生动机，你也无法让他人产生动机。你可以鼓励，可以挑战，也可以激励别人，但真正的动机，即行动的潜在动因，必须是发自内心。我每天都设定目标以保持澎湃的热情，并通过这种方式产生动机。我关注那些对我而言似乎遥不可及的东西——不仅仅是物质上的东西，还包括别人取得的成就——让自己时刻关注种种的可能性。为了保有强烈的动机所采取的一切行动，对于 10 倍的投入至关重要。

23. 关注结果

成功者不看重在某项活动上花费的努力、工作或时间，他们看重的是结果。失败者非常看重花了多少时间工作，为取得成果做出了多少尝试，即使最终颗粒无收也是如此。二者的差异与不遵循常理这个概念有关。让我们面对现实吧：不管你喜不喜欢，结果才是最重要的。如果你"尝试"丢垃圾，但只把它拿到玄关，那么垃圾还是会继续堆积在家里，从而产生后续问题。除非抛开常理，一心扑在结果上，否则你无法达成所愿。不要仅仅因为做出尝试就自鸣得意,要把奖励和掌声留到真正取得成就的时候。要自我驱动,不要靠别人推着你往前。对自己狠一点,不达目的誓不罢休。无论面对什么样的挑战、阻力和问题,结果(而非努力)都是成功者的首要关注点。

24. 怀抱远大的目标和梦想

成功的人怀抱远大的目标和梦想。他们不拘泥于现实,不会像那些随波逐流的人一样被现实捆住了手脚,只能争破头去抢别人剩下的。10 倍法则的第二个问题是:你的目标和梦想有多远大?中产阶级总是被灌输要有切合实际的思想,而成功人士考虑的却是如何尽己所能做到最好。我一生中最大的遗憾是,最初设定目标的时候是从现实的思维出发,缺乏高屋建瓴、大胆革新的思维。"高屋建瓴的思维"改变了世界。它造就了脸书、推特、谷歌以及无数的后起之秀。现实的思维、渺小的目标和微不足道的梦想根本不会给你提供任何动力,它们只会让你不偏不倚地沦为中庸,与凡夫俗子争斗纠缠。胸怀大志,大展拳脚,然后再想想怎么更上一层楼!竭尽所能,阅读一切关于伟大人物和企业成就的材料。竭尽所能,让自己置身于激发大胆思考、大胆行动以及充分发挥潜力的环境中。

25. 创造属于自己的现实

成功的人颇似魔术师,他们不在别人的现实里施展才华,而是致力于为自己创造一个不同于他人认定的新现实。他们不在意别人的看法,只关心如何造梦。他们不墨守成规,也不屈从于既定的"现实"。他们想创造自己渴望的一切,对约定俗成的一致意见视而不见,甚至嗤之以鼻。稍做研究，你就会发现，那些成绩斐然的人都创造了前所未有的现实。不管是推销员、运动员、艺术家、政治家还是发明家，只有那些不拘泥于现实，并且痴迷于创造自己理想中的现实的人才能成就伟业。下一个即将出现或可能出现的现实，取决于那个创造现实的人。

26. 先做出承诺再想办法

乍一看，这种品质对成功人士而言可能极不可取，甚至相当危险。然而，它的危险性远小于失败者的常见行为。大多数人认为必须先把一切想清楚后再许下承诺；然而，他们似乎从来没有做到过这一点。即使他们确实想清楚也准备许下承诺了，却常常发现时不我待或被人捷足先登了。

承诺意味着在还未想清楚所有细节**之前**，就给予这个承诺百分之百的支持。这让一些小公司和不入流的企业得以智取规模更大、财力更雄厚的对手。过时的大公司变得尾大难掉，员工深陷文山会海，这让他们日趋谨慎，不能像发展初期那样乐于冒险、主动出击。尽管先承诺后面再想办法可能是冒险的，但我认为只有做出完全的承诺**之后**，才能激发出创造力和解决问题的能力。虽然训练备战至关重要，但市场的种种挑战会要求你在理清头绪之前先下手为强。在人生的赛场上获胜的不一定是脑子最灵光的人，而是那些能以最大热情投身于自己所从事的事业的人。

27. 恪守道德

这是许多人的困惑之处，尤其是在他们看到所谓的成功人士银铛入狱时，更是百思不得其解。这么说吧，对我而言，一个人收获了多少成功并不重要。一旦坐牢就意味着即刻出局了。罪犯即使逍遥法外，依然还是一个罪犯，因而也不能创造真正的成功。我认识这么一些人，他们从不说谎或偷一分钱，可我仍然认为他们没有恪守道德，因为他们往往忽视了去履行承诺，没有为家人、朋友提供安全感并做好榜样。如果你每天上班的时候只求得过且过，做每件事的时候都没有尽己所能，就会让你的家庭、为之效力的公司乃至未来蒙受损失。无论是心照不宣还是口头约定，都是与家人、同事、经理和客户达成了某种意义上的协议。你创造越多的成功，就能越好地履行这些协议。对我而言，合乎道德并不仅仅意味着遵守既定的社会准则。在我看来，合乎道德还要求人们要切实履行承诺，直至达成想要的结果。没有结果的努力是不道德的，因为这只不过是自欺欺人和没有履行义务和承诺的表现。尝试、许愿、祈祷、期待和渴望，都无法让你达成所愿。而与之相比，恪守道德的人会达成所愿并为自己、家人和公司创造更大的成功，这足以让他们熬过任何一场风暴并在任何艰难的环境中取得成功。

我最引以为豪的一段个人经历是，能够在极其严峻的经济环境中熬过两年，同时还要应付生活中更为严峻的挑战，在这种情况下，还能壮大公司规模，并且养家糊口。不能长期获得成功就意味着将你身边的每个人——包括你自己——置于危险的境地中。我在这里讨论的不是"钱的来源"是否合乎道德，而是一个更宽泛的概念，即充分施展自己的能力和潜力，以及履行心照不宣或明确许下的承诺。仅仅是同意成为父亲、丈夫、创业者或企业主——或是扮演任何一个角色——都会带来隐含的承诺和协议。我认为，没有充分利用上天赋予的聪明才智也是不道德的。只有你才能决定什么对你而言是道德的。然而，我会认为，知道自己的能力和自己的实际成就这二者之间的差距是一个道德问题。成功人士总是在道德义务和动机的驱使下，去做一些有意义的事情，并发挥自己的潜力。

28. 关心周围的群体

你能取得多大的成就受限于你周围的人。如果你周围的人都生病了，表现不佳，苦苦挣扎，那么你迟早也难逃相似的厄运。例如，由于少数人只图自己的利益，罔顾大众受到的影响，导致养老金出现问题，让政府焦头烂额。这种罔顾群体的"自我"思维最后将拖垮个人赖以生存的群体。这种自私自利的做法随后将导致这个群体几乎不可能生存下去，甚至会危及先前承诺的效力。

大多数人的健康和福祉对每个成员来说都至关重要，成功人士深知这一点。你能取得多大的成就，受限于和你打交道的人。不管你处于什么位置，无论你是团队领导还是团队成员，你的成功都取决于你周围人的能力。这并不意味着成功人士不关注自我。只是他们认识到自己必须腾出精力向同事或伙伴表达关心，因为他们知道如果同事或伙伴不好，即使是最成功的人也会被拖垮。在某种程度上，关心他人实际上就是关心自己。你要让团队中的每个人都能取得胜利并更上一层楼，因为这可能也会提升你的表现。因此，你要始终不遗余力地提升团队成员的实力水平。

29. 终身学习

据报道，美国大企业的首席执行官平均每年读 60 本书，参加 6

次以上的会议，而美国员工平均每年读不到一本书，收入只有前者的1/319。尽管媒体经常讨论贫富差距，但它们往往没有报道富人在阅读、学习和接受教育上投入了多少时间和精力。成功的人会腾出时间来参加会议、研讨会和读书会。每一本书、每一个音频节目、每一件下载的材料、每一次网络会议或演讲，即便是不尽如人意的，也无一不让我受益。

我认识的成功人士都会如饥似渴地阅读。他们对待一本30美元的书的那股劲儿，就好像这本书有可能让他们赚100万美元一样。他们将每一个学习和自我提升的机会，都视为自己所能做的最坚定而明确的投资。而失败者与之截然不同，他们只会纠结于一本书或一次研讨会要花多少钱，却从来没有考虑过它们会带来什么好处。所以加入成功人士的行列吧，他们知道财富、健康和未来都取决于自己持续更新信息和终身学习的能力。

30. 给自己找罪受

成功者乐于在生活中时不时给自己找罪受，而失败者的所有决策都为了让自己过得更舒服一点儿。我人生中做过的最重要的事并不是那些让自己舒服的事情；事实上，在这些重要的事情当中，有很多都令我坐立不安。无论是搬到一个新的城市，主动给客户推销，认识新的人，做一次新的展示，还是冒险进入新的行业，从一开始我大多时候都是惴惴不安，直到最后我习惯了。你很容易随遇而安、按部就班、习以为常，但这极有可能无法推动你前进。熟悉的环境固然让人心安。然而，成功人士却乐于让自己置身于崭新且陌生的环境。这并不意味着他们总是为了改变而改变；而是他们知道，太过舒服和松懈、习以为常会导致一个人变得软弱，丧失在竞争中抢占先机的创造力和渴望。所以，乐于给自己找罪受，也给别人找罪受，这是你走向成功的不二法门。

31. 人际关系中的"向上管理"

要让我说，这个技能得作为每年入学的基础课程。这个课程包括鼓励人们如何去找罪受。成功人士常说要与更具聪明才智和创造力的人为伍。你不可能听到某个成功人士说："我走到今天靠的是一群和我一样的人。"然而，普通人通常会与和自己"半斤八两"的人，甚至是还不如自己的人为伍。

在你的所有人际交往中养成"向上管理"的习惯——向拥有更强大的人脉、受过更好教育，甚至是更成功的人抛出橄榄枝。比起那些和自己"半斤八两"的人，你能从这些人身上学到更多的东西。拥有这种习惯的人愿意改变，挑战传统，不断成长，并且愿意采取别人无法理解的行动。向上管理——不要向旁边，更不要向下！你所做的决策，必须基于如何能最有效地推动自己实现为个人、家庭和事业创造成功的道德承诺。周围的人会对你能否实现目标产生巨大的影响。你不想原地踏步。你想要更上一层楼——要做到这一点，就必须与更出色的思想家、梦想家和竞争者为伍。跆拳道黑带不会从白带那里学到新技能。黑带可以在白带的提示下不断温习基础技能，然而白带无法教给黑带那些红带才懂的技能。正如你和技术差劲的高尔夫球选手一起打球也无法成为高手一样，你必须与比你更优秀的人打交道。这是提升自我的唯一法门。

32. 严守纪律

请记住：我们在这里讨论的不仅仅是财富。我们讨论的是实现生活中全方位的成功，要做到这一点，就不能忽视纪律这一方面。纪律是一种要求人们遵守秩序的行为规范，它能让你得偿所愿，也是 10 倍法则的一项要义。不幸的是，大多数人的纪律似乎更像是某些坏习惯，而不是不断采取 10 倍行动——当然，这不会是舒服的事。

纪律是你用来完成任何一项活动，直至这项活动变得习以为常的方法——不管这项活动让你多难受。为了获得并保持成功，你必须确定哪些习惯是有建设性的，并约束自己和团队（见本章第 28 点）不辞辛劳地去做这些事。

如果你发现自己并不具备前面提到的所有成功的特质和习惯，或是发现自己大部分时间都或多或少地具备其中的某些特质和习惯，只是偶有疏忽——都不必为此而担心。我想本书的大多数读者并不总能**时时刻刻**持续不断地展示出所有的这些品质。了解这些成功的行动秘诀，把它们放在身边，许下承诺让这些秘诀**内化为自己的一部分**，而非仅仅将其作为一次次"行动"。虽然我本人也并非总能按照这些行动秘诀行事，但我确实努力确保自己大部分时间在行动上与成功人士看齐。

这些行动秘诀并非超人才能做到，每一个秘诀都是大家力所能及的。对于这些秘诀，不要只是浅尝一二。从现在开始，在思考和行动中用上这些秘诀，它们将逐渐内化为你的一部分，最终让这些秘诀全都派上用场。

| 练习 |

不回看书，分别列举出成功者和失败者的五个特质。

_____
_____
_____
_____
_____

目前在你身上最显著的特质是哪个？

_____
_____
_____
_____
_____

你还需要在哪个特质的培养方面多加努力？

_____
_____
_____
_____
_____

第23章
从10倍行动开始

那么，10倍行动是从何处开始的呢？你可能会遇到怎样的挑战？如何遵守此中纪律呢？你真正要做的，就是看看成功人士的行动秘诀，以确定自己所需采取的行动。那么，什么时候开始呢？请记住：对于成功人士而言，只有两个时间。在某种程度上，你要专注于现在，但又要把大部分注意力放在自己渴望创造的未来上。昨日之日不可追，可如果你等到明天再开始，将会与成功擦肩而过，因为你违反了一条重要的成功法则：现在就采取行动并坚持不懈，心中要清楚，现在采取足够的行动就能创造未来。当成功的人变得懒惰时，他们会在决策上浪费更多时间。这时，他们可能更关心维护已有的一切，而不是再接再厉。如何维护、处理既有的成功并不是本书探讨的内容！

我写这本书的时候是52岁，迄今为止也已经为自己创造了足够多的成就，只是我还想更上一层楼。我的确认为自己还没有充分发挥出所有的潜力和能力。我想要发挥自己的所有潜力，并不仅仅为了在竞争中取胜或赚钱，主要是因为发挥自己的潜力是一种道德上的义务。无论你受到什么事物或什么人的驱使，现在都得采取行动，不要再跟自己讲什么大道理了。

撰写本书之际，我正在开展一项重大的个人和职业拓展项目，与此同时，我也在为了家庭和慈善领域的理想而不懈奋斗。我公司的员工甚至是客户都会告诉你，当我瞄准目标之后，总是当下就采取行动，以一种近乎不可理喻的信念采取一切必要的行动去实现目标。我不擅长组织管理，也不太懂规划。我意识到毫不迟疑地采取行动，不花时间开会、反复分析，这样做既有利又有弊。了解我的人可能还会告诉你，一旦我启动了一个项目——无论是写一本新书、创建一个研讨项目、开发一个新产品、开始一项新锻炼、改善婚姻状况，还是花时间陪女儿——我都会**全力以赴**。我孤注一掷，全身心投入，就像一条饿狗追着载肉的卡车跑。我相当了解自己，一旦开始，就会全然抛开常理，铆足了劲儿地坚持行动，直至达成所愿。我不为自己找借口，也不让别人找借口。

现在就是**现在**，一分钟也不能耽搁。从首要的事项开始，草拟出你的目标清单，然后列出推动你朝着目标前进的行动清单。然后，不要考虑太多，现在就依据清单展开行动吧。着手做这些事时，要牢记以下几件事：

1. 撰写目标的时候不要缺斤少两。
2. 在这个阶段不要因如何完成目标的细节而迷失。
3. 扪心自问："今天我能采取什么行动来推动自己朝着这些目标前进？"
4. 不管你有什么计划，也不管你感觉如何，都不要遗漏任何一次行动。
5. 不要过早地评价行动的结果。

6. 每天回顾这个清单。

刚踏上10倍法则之路时，你可能会感到有点不知所措，甚至可能会觉察到有一个声音总想说服自己不要开始行动。不要被此蛊惑，从而陷入等待。拖延无济于事，这一点你心知肚明。把自己想象成一辆陷入泥潭的汽车，你需要足够的牵引力往前挪一小步，然后才能逐步挣脱泥潭。这可能会把你弄得脏兮兮的，但肯定比陷入泥潭要好。

正如前面所说，你要注意家人、朋友出于关心和爱护而给出的所谓"建议"。他们中有很多人可能会暗示你"别再痴心妄想了"，直至你落得个败兴而归的下场。普通人，即使是你挚爱之人，他们的心态和常挂在嘴边的话总是如出一辙——要小心，谨慎行事，别不切实际，成功并非一切，随遇而安，人生要活得精彩，金钱不会使你快乐，懂得知足，放轻松点儿，你没有经验，你太年轻，你年纪太大了，等等。当你听到普通人有这样的想法、说出这样的话时，首先要向他们提出的建议表示感谢，然后提醒他们，你需要他们支持你实现自我目标，并让他们知道，你愿意为梦想和目标奋不顾身，即使失望而归，也好过没有为之努力过而抱憾终身。

我举一个在现实生活中运用10倍法则的例子，这件事发生在我写这本书的过程中。在下面叙述的场景中，你将会看到我是如何运用成功者的诸多习惯和特质来实现自己既定的目标的——甚至超出了预期。开始撰写上一本书《勇争第一，不甘人后》之前，我意识到尽管自己在生活中已经养成了大量行动的习惯，但还未真正养成10倍的思考方式。因此，我决定将这本书的撰写作为我10倍法则的试金石。在重新设定与10倍思考相匹配的目标之际，我意识到我的目标之一就是让自己的名字成为销售培训的代名词。我想成为人们考虑销售培训、销售动机、销售策略等任何与销售有关的事情时第一个想到的人。这是我在写《勇争第一，不甘人后》这本书时想到的核心概念。一个宏图大志新鲜出炉，不过我不知道该如何去实现。但无论如何，我知道如果没有将它作为自己的目标并全身心投入，而是停下来试图想清楚该"怎么做"，就永远都无法迈出第一步，因为我很有可能会立刻给这个目标判死刑。

一旦明确了合适的目标，并避免了过度纠结于技术细节和具体"怎么做"之后，我就依照目标的大小确定与之最一致的行动。只要目标足够远大，似乎就能自然而然地推动我采取正确的行动。我有个小妙招，就是想出一些有效的问题向自己发问，比如"我要怎么做才能让人们一提到销售这个话题就想到我？"随即提笔写下问题的答案和思路：① 让60多亿人知道我是谁；② 参与一个电视节目；③ 参与一个广播节目；④ 让我的书进入每个书店和图书馆；⑤ 参与各大脱口秀和新闻节目；⑥ 让《勇争第一，不甘人后》登上《纽约时报》畅销书排行榜；⑦ 利用社交媒体大力宣传，让我的名字为世人所知。此时的我同样还是不知道这些事情该怎么去做，也不想在一开始就把这些事情想得一清二楚。我知道这些关于"怎么做"和"不能做"的细节会将我带偏，而我只想专注于实现自己的目标。

我知道让自己成为销售的代名词这个目标足够远大，能一直激励着我。因此，我受到了鼓舞，采取了与以上问题的答案相一致的一切行动。我个人和公司采取的任何行动都旨在打响我的知名度。起初我们一无所知，也没有任何电视媒体的人脉。当时的我虽然写过两本书，可也不懂要怎么才能将其公开出版，更不用说把书放在书店里销售了。

而且那时的我也没上过任何电视、新闻或媒体采访节目，还以为像脸书和推特这样的网站是那些无所事事的人闲逛用的。然而，我坚信在我列出的所有目标中，参与电视节目将会给我带来最强有力的影响，也知道自己所采取的一切行动都是相互联系且至关重要的。

我立即跑去跟妻子说，我要想办法参与一个电视节目，在节目上展示自己的能力——我能进入任何地方的任何公司，在任何经济环境中销售任何产品，并提升该公司的销售额。我知道此举将救我于某些销售组织所面临的"酒香也怕巷子深"的窘境之中。妻子听到这话，毫不犹豫地给予我回应："这个电视节目一定会很精彩！你的表现也会很棒！咱们开始行动吧！我能帮上什么忙？"妻子没有提出任何问题，只是给了我全力支持。

我热血沸腾，不过也尽量避免与那些泼我冷水的人讨论自己的想法。我意识到这是一个足够巨大且令人热血沸腾的挑战，足以让我倾尽所有背水一战。我也知道这个目标无法在一夕之间达成。

我做的第一件事就是向团队告知并强调，任何推动我们朝着目标方向前进的项目都必须去完成。我明确表示不想听到"我不行，我们不行，太难了，做不到"诸如此类的话。我们开始付诸10倍的行动，打电话给所有能帮我联系到媒体、电视和图书行业相关人员的熟人。迈出这一步颇为艰难。图书和电视行业的从业者早已看遍五花八门的失败案例，因此渐渐会用相当悲观的眼光去看待这样的项目。他们数次直截了当地告诉我，像这样的项目是个持久战，不要抱太大期望。我受到了许多固有观念的打击，这种思维正是实现理想道路上的绊脚石。我三番五次地收到这样的评价："每300个推销的节目中只有一个幸运儿会被选中""电视台不会掏腰包的""销售类节目没人看""每年创作出来的书超过75万本""没什么名气的人很难上电视"等。

尽管很多人在这种时候就会开始打退堂鼓，但我没有——而你也同样不要放弃。要知道，任何一个试图"中场休息"的人其实也是在打退堂鼓。我必须不断过滤那些反对的声音，重新聚焦于自己的目标上。不管是心生恐惧还是充满信心，我都会再次审视要怎样才能实现这个目标，然后采取行动。请记住：成功人士会跳出舒适圈并拥抱恐惧！

我不清楚我们成功实现了目标到底是因为我们采取的行动，还是因为我们对目标的持续关注，不过我觉得应该二者兼而有之。我平生第一次为自己聘请了公关公司从旁协助。尽管结果令人大失所望，但我仍然没有放弃，因为我知道这很重要。后来换了一家公关公司后仍不奏效，于是我又聘请了第三家。当时的我们同时运营着许多项目，这些项目都需要付诸时间、精力、金钱和创造力，而且对我们来说都是全新的挑战。这件事能不能做成，我并没有把握。另外，当时的经济环境很糟糕，大家都在勒紧裤腰带过日子。我的公司以及整个经济正经历着我有生以来见过的最严重的衰退。我的客户裁员多达40%，我最有力的竞争对手裁员一半，还有无数的竞争者破产倒闭。所有公司都摇摇欲坠，甚至整个行业都危在旦夕。每个人都如履薄冰，可我始终牢记一点：成功人士总是在别人偃旗息鼓之际开疆拓土。他们在别人退避三舍的时候大胆冒险。因此，我并没有裁员或停下扩张的脚步，而是自降薪酬——自掏腰包为10倍行动提供资金支持。

即便在所有能想到的方面都遭遇到了前所未有的挑战，但我还是尽量做到对目标坚定不移。这不是一件容易的事，而且结果也不一定能如愿，但我依然尽我所能提醒自己：我们能够实现目标。随着我的全身心投入，越来越多的挑战扑面而来。我几乎觉得这个世界是不是在考验我有多强大，能不能坚持到底。我聘请的公关公司三个月才为我争取到一个小访谈，银行不停地追着我要钱，而我却被切断了收入来源（虽然是壮士断腕，但还是很痛苦！）。让我顺心的是我的婚姻、孩子的降生，还有我对自身工作能力的信心和对工作的持之以恒。我醉心于 10 倍的目标。我知道自己不能独享其成，这一种全新的行事方法要让全世界都知道。对我而言，这不仅仅是一个关乎个人成就的问题，还是一个助人为乐的使命。整个世界都在经济的泥潭中挣扎。我觉得我的目标足够远大，足以带来巨大的改变——不仅是为我个人。我觉得相较于自己付出的钱财或精力，冒险扩张更有价值。**目标必须要比所承受的风险更具价值，否则你的目标就定错了。**

因此，我继续全身心投入，克服恐惧，保持狂热，并继续积极地在其他领域采取行动。公关、电视网络或出版公司，这些都不在我掌控的范围内，因此我把努力的方向转到了自己所**能**掌控的方面。我在所有可能的场合做好宣传，项目也渐渐有了起色。

我们开始接到广播节目，甚至是一些电视采访的电话邀约。一天早上，我接到美国有线电视新闻网电台的电话，让我做一个关于房利美（Fannie Mae）破产的采访。当然，我欣然同意了。他们要我第二天凌晨三点半到演播室做一个关于房屋止赎问题的采访，我回复道："好的，没问题，随时待命！"我记得公关人员又打电话问我："你能谈谈勒布朗·詹姆斯（LeBron James）的合同以及它对篮球界会有什么影响吗？"我答应了，然后一刻也不耽搁，直奔美国全国广播公司的演播室。在我到达的十分钟前，我接到了一个电话，在电话里被告知："访谈的话题换了。不谈勒布朗了，你待会要谈的是列维·约翰斯顿（Levi Johnston）

和莎拉·佩林（Sarah Palin）之间的关系。"我对列维·约翰斯顿一无所知，但我还是做了这个采访。讲什么话题对我来说无关紧要；我只是想让这些媒体知道，它们可以信任我，我会按时出现并履行承诺。我提醒自己，我的目标不是接受美国消费者新闻与商业频道的某次采访，也不是谈论列维·约翰斯顿，而是获得全世界的瞩目——这样一来，人们在想到销售的时候，就会想起我。虽然这些报道不会给我带来金钱上的回报，但它们会帮我打响知名度——这一点更为重要。

随后，我们开始在社交媒体上发力，发动大规模的宣传攻势。我们的攻势很猛，导致有些客户、朋友甚至员工都抱怨我发了太多的电子邮件和帖子。我没有萌生退意，反而更积极地发电子邮件和帖子，直至这些人由抱怨转为钦佩。曾经无人问津的我摇身一变，成了"当红炸子鸡"（这只是大量行动催生新问题的一个侧写）。

同时我也一直在试着敲开电视节目的大门。即使吃闭门羹，也不断尝试与演出经纪人、经理人、大大小小的经纪公司的人会面。我和一些好莱坞的朋友谈过，他们有和电视媒体打交道的经验，也曾经在推销电视真人秀的时候栽过跟头。然而，我在这个全新的领域探险的时候，依然没有停止在自己能够掌控的领域内继续深耕：进行演讲、致电客户、发送电子邮件、管理社交媒体、撰写文章以及开展一些常规的核心业务。每当失望受挫时，我都会回过头来写下自己的目标。这迫使我继续专注在目标上，而不是被困难一叶障目。我始终牢记，成功者不畏挑战，总是紧盯目标。

然后，有一天，我接到纽约一个团体的选角经纪人的电话。电话那头的人告诉我："我们在YouTube上刷到你的一个视频，觉得你会很适合上一个电视节目。真是踏破铁鞋无觅处，得来全不费功夫呀！"

那我又是怎么回复的呢？"我就是那个对的人！你们怎么现在才找到我呀？"然后，我知道了那个项目负责人的名字，立刻做出承诺——致电告诉他那个周末我碰巧要去纽约。（顺便说一句，在打这个电话之前我并没有出行纽约的计划。然而，我确实心心念念地想要和电视节目的相关从业人员见上一面。缘分妙不可言啊！）制片人说想和我见一面。我告诉他周末会过去，然后结束了通话。

我立马向制片人展现出本人合作的意愿与渴望，并且愿意在尚未"完全了解情况"的前提下做出承诺。请记住：成功人士先做出承诺再想办法。有些人可能会说我太冲动了，为了抓住这个机会，脱口而出说自己一周内就会到纽约。可我的日程表如何安排都由我自己做主。再者，我全身心地将成功作为自己的责任，因此下定决心将"纽约之行"排进日程。这件事不需要私人助理或电脑代劳。为自己创造一切优势条件，为对方创造一切往前一步的机会。不要拖延时间、犹豫迟疑。让周围的人与你同频。不要等到好事找上门来后还在浪费时间和别人协调、确认或核对日程表，这只会拖慢你前进的速度。时刻为成功做好完全的准备，这样你就可以在机会来临之际将其一把攥在手里！

和制片人通完电话之后，我立即致电助理，让她安排我去纽约的事宜。她告诉我，已经有了其他既定的日程安排，无法重新安排时间。**新问题出现！**因此，我立即拿起电话（即"现在就做"的策略），并利用这个问题与这位新认识的潜在合作者进一步接触（即争取客户与客户满意度的问题）。我打电话告诉纽约那边，没法这么快过去，并提议换另外一个时间。巧了，我提出的这个新时间实际上对他们来说也更方便。我自掏腰包去了纽约（即冒险），也不知道自己在做什么（那又怎样）。我到那里时，发现公司老板正忙着开会。我说服那个联络人请示老板，腾出10分钟来和我见面（即不合常理）。我恳求门卫："伙计，我在机场安检的时间都比我要求的见面时间要长，只要10分钟，让我阐述一下对节目有何设想。"老板不情愿地抽出时间和我见面——短短几分钟内，我就从他身上看到了对这个设想溢于言表的兴奋之情。然后他和我谈了整整一个小时，这让我确信他一定会提供支持。走出办公室大门时，他对我说："任何信念如此坚定、思路如此清晰的人我都会支持。"该团队随后决定在电视网络上推销这一概念。

不久之后，我又接到了另一通电话，是洛杉矶一个与真人秀电视节目制作人马克·布奈特（Mark Burnett）有关的团队成员打来的。他们邀请我担任琼·里弗斯（Joan Rivers）一档真人秀节目《致富之道》（*How Did You Get So Rich?*）的嘉宾。（这对我来说有点搞笑，因为我自认为没那么有钱。）当然，我还是欣然应允。可就在琼·里弗斯的团队拍摄我这一集内容之前，纽约的团队也派出了一个工作团队前来采访我，想拍摄一些可以在电视媒体上使用的素材。拍摄结束后，我打电话给纽约这帮新认识的兄弟，向他们反馈道："采访一切顺利，但这不能保证这档节目大卖。工作室的负责人得和我见一面，这样我就可以亲自来推销它。或者我们得实地拍摄我如何走进一家公司，实打实地帮助其提升销售额，并用镜头将这一切捕捉下来。"对此我收到的回复是，他们"通常不会拍这个"——直到有电视媒体表达了些许兴趣。然而，我又接着向他们解释道，这个访谈不够深入人心，我急需制作一个短视频，向电视媒体展示这不仅仅是一个关于我本人的节目。这将会是每个人都翘首以盼的节目，其中生动地展示了如何在百年不遇的经济困难时期，在任何城市、任何业务中取得成功。

为了趁热打铁，我向这两个团队提供了一系列最新信息。我在拉斯维加斯参加一个会议（处理我的核心业务）时，碰巧看到一个摄制组在拍摄。我告诉这个摄制组的工作人员自己拍摄这个电视节目的思路，并告诉他们，我想要给纽约的合作伙伴发送一段三分钟的视频。我让他们帮我录制一段能够吸引合作方眼球的即兴视频，并告诉他们，如果这事能成，会跟他们报喜，是他们将这个设想变成了现实。出乎意料的是，这个团队竟然同意了。

然后，我就录制了一个三分钟的视频，取名为《难以置信的真相》(*You Can't Handle the Truth*)，这段视频你可以在YouTube上找到。摄制组的工作人员帮了大忙，给我剪辑了一个版本发给这两个团队，结果这两个团队都很喜欢。此后，我也得以和他们展开了长期的合作，事业开始腾飞。这段视频甚至让纽约这个团队将业务推广到了他们本来就想拿下的电视媒体。

我的全身心投入和勇往直前也开始激励他们付诸心血和热情。我不断为自己的目标添砖加瓦，其远大宏伟远超常人想象。顺便提一句，我很多时候也不知道自己在做什么（这样的勇气都是从行动中来的）。我唯一知道的是，眼下采取的行动能够帮助我实现更大的目标。一路走来，我也会恐惧，担心投资的钱打水漂，害怕被拒绝，但我知道自己正在创造一系列全新的问题——而这些问题是明确的信号，表明自己当下的某些行动是正确的。

下一个大事件就是琼·里弗斯来到我家，和我一起拍摄了一期节目。当然，我也和她分享了自己对于节目的一些创意，她随后就把这个节目制片人的名字给了我。我采用了向上管理的方法去寻求帮助。我打电话给洛杉矶的团队，要求开会宣传这个创意，以防纽约的团队无法将这个项目坚持到底。请记住：不管别人怎么做，永远都不要停止为自己的目标添砖加瓦和采取行动。

洛杉矶的团队也青睐这个创意。制片人已经看过我在琼·里弗斯节目中的表现，这也是一个加分项。至此，我的创意已经从一个小小的想法，蜕变成一个被两家公司纳入考虑的节目了。在前往派拉蒙影业公司的路上，我心里直打鼓，一直在琢磨："这些人跟我见面只是走走过场吧。所以在这条路上一刻也不要自认为胜券在握，板上钉钉。"事实上，在前往派拉蒙影业公司的路上，我几乎要在半路上取消行程，认为一切只是徒劳——可就在这时，责任感骤然涌上心头。我确实心生恐惧，也的确不知道自己在做什么，但无论如何我还是硬着头皮去做了。要牢记：不要让情绪占上风，不要让内心的小恶魔扯后腿。再重申一遍，请注意我这里展示的所有成功的策略，因为它们为我的决策提供了指导，在你身上应该也同样适用。

见到团队成员时，我发现他们已经花时间酝酿出了我这个节目的草本，这让我十分震惊。我这才意识到自己对对方缺乏兴趣的所有恐惧——就如同大多数恐惧一样——都是完全没有根据的。两个团队在对我研究了一番后，都给出了如出一辙的评价——"好像哪儿都有你"（即无所不在）。

虽然听到这话我兴奋得想要即刻昭告天下，但我知道，不能被胜利冲昏了头脑或是停下来庆祝，我必须以更积极的行动和更强的责任感推动事情继续向前发展。我没有坐等这两家公司帮忙敲定生意，而是致电承销商，看看是否能找到对我的新节目感兴趣的组织（顺便说一句，当时还没有组织对我抛出橄榄枝）。尽管这通常是出品方的工作，但是考虑到：第一，当时还没有签订协议，也没有决定让哪家公司来做这件事；第二，我讨厌等待；第三，我想持续推进，让所有人都倾尽所有，以至于无法轻言放弃。我是不是太咄咄逼人了，我行我素，不守规矩？这会冒犯到某些人吗？绝对会！不过你瞧瞧，如果哪个团队否决了我，那么我所做的一切也跟他们没半毛钱关系了！

有趣的是，当我们打电话给公司介绍这个节目时，对方不仅表示出对参与这个节目的兴趣，还问起我们在节目启动前能给他们什么样的帮助。我们仅仅通过打电话推销节目就争取到了多个新客户。然后，我通知纽约的团队，自己正在统筹安排有意愿参与该节目的组织。制片人告诉我"别那么心急"，我回答道："我可以假意蒙骗你，但我不会放慢自己的脚步。"致电后，纽约的团队同意为这个节目拍摄一条宣传片。大家一致认定，到哈雷经销店拍摄的视觉效果和剧情都将很不错。我们打了十几个电话之后，终于找到了一家同意合作的公司——但当时我仍未得到纽约团队的承诺。然而，当我告诉他们我已经准备好理想的拍摄场地时，他们就无法拒绝了，只得同意派一个工作组来进行为期两天的摄制任务。（要明白，不断向前推进总会取得成果。）

我发现自己并没有拍摄电视节目的经验，没有剧本、没有笔记、没有准备，也的确不知道我们实际上要做什么，但我还是来到了世界上最大的哈雷经销店，进行为期两天的拍摄（先做出承诺再想办法）。当时我和一群从未共事过的人一起工作，老实讲，我害怕得要命。我唯一确定的是，我可以走进任何一家公司并提升其销售额。我始终牢记一件事：恐惧是一个信号，标志着我正朝着正确的方向前进。

为了让自己静下心来，我选择放眼未来，用目标来提醒自己。在去的路上，我一直在给自己加油打气——我可以战胜恐惧，而且以后类似的事肯定也不可避免。否则，人们永远都不会知道我，也无从了解我有帮助别人的能力。请记住：唯一能困扰你的问题，就是没有名气。我不停地给自己鼓劲："勇敢去做吧，大胆去试吧，坚信全身心投入就能创造一切。"看看在这个过程当中我借助了多少成功的特质：抱有"能做到"的态度；相信自己能够取得成功；勇敢展示；先承诺再想办法；现在就做，不要拖延；坚持到底；鼓起勇气；做自己恐惧的事；专注于目标；乐于给自己找罪受。即使失败了，我依然知道自己的心态和行动是正确的。我也许会因为自己的表现而留有遗憾，但至少不会因为没有一试而抱憾终身！

后来我们就开始了宣传片的拍摄。大约三个小时后，制片人说："格兰特，我们需要你展示出自己真实的行动，需要一些不言自明的东西。我们要看到你所教的内容是怎么变为现实的。"我看着摄像师说："打开摄像机，跟我来。"然后，我把自己当成了哈雷经销店展厅的主人，与客户逐个交流。不断有客户试车，我带他们四处参观，给他们拍照，用短信把这些照片发给他们家里的另一半，附上诸如"我要卖给你丈夫一辆摩托车"之类的消息。与客户互动，说服他们，处理销售中出现的问题，然后用镜头把它们全部记录下来，这一切都是那么妙趣横生，实施起来也没多困难，却起到了令人难以置信的效果。

在收工时，制片人看着我问道："你在任何公司、任何地方都是这么做的吗？"我相信你现在应该知道我是怎么回复的了，但以防你不知道，我还是再重复一遍："伙计，我可以在任何公司、任何地方，无限次地做这件事，向任何人展示如何在各种经济环境下增加销售额，无论销售的是什么！"他回答道："我相信你，甚至在我还未看到你刚才的举动之前就对你深信不疑了。现在全美国的人都必须看这个电视节目。"

我请他帮个忙："一旦你商定和电视媒体的人见面，就请允许我向他们推销。"我知道自己是宣传这档节目的不二人选。制片人同意了，他回到纽约，开始编辑这个宣传片。一周后，制片人打电话告诉我他已经准备好了，就差我（来造势）了，但时值夏季，活动将延期一段时间。他解释道，我可能还要等四周的时间，但他保证这个节目一定会受到大家的青睐。

大约又过了三周，我还是没有收到任何消息，因此我拨通了他的电话。我知道如果不这么做，这个项目就不会有任何进展。交谈中，他言之凿凿地表示自己依然在"全力以赴"。我提醒他，他曾经承诺过让我向高管们推销节目。一周后的一天，清晨6时45分，他致电跟我说："格兰特，有个坏消息要告诉你。电视媒体的人不想让你来推销节目，而是想马上开始拍摄。"

此时我脑海里首先浮现的是有人曾告诉我："推销300部电视节目，才能有一部面世。"然后我又想到，有人曾告诉我，销售类节目没有市场。（这里用到的技巧是：持续专注于未来，不按常理，不断为梦想添柴火，不要将注意力放在经验、规定和可能性的条条框框上！）人们容易局限于自己的消极思维和害怕失去的心理，放弃构筑自己理想的未来。还有些人要借由对他人以身涉险的批判来为自己的求稳做辩解。永远不要断定一件事是不可能的；相反，要把注意力集中在将所谓的不可能变为可能的行动上。幸好我对这些反对的声音充耳不闻，是吧？

目前，我们虽然还没有开始节目的拍摄，但一切都已就绪，预计明年会开播。我希望这个节目能为观众提供指导，告诉他们普通人无论面对何种经济环境，无论何时何地，该怎么做才能获得成功。市场放缓、金融问题、各种挑战和恐惧都不如远大的梦想和10倍的行动来得强大！再糟糕的经济情况都无法阻止积极行动以追寻目标的步伐。

我分享这个故事，旨在向你展示如何使用本书中所讨论的诸多概念，以实现扩大自己影响力的目标。我和你一样，并非天赋异禀，也非成竹在胸，我所做的，只是运用10倍的思考和采取10倍的行动。这不仅仅是一本书；它是你为了获得成功，今天就要采取的行动。纸上谈兵无法收获回报。我们不能只是纸上谈兵，还要身体力行。这将让你意识到10倍法则对任何人来说都是有效的。

这个小故事甚至都不只是我自己的故事，而是你行动的指南。你无法想象我一路走来，在追求理想的过程中经历了多少嘲讽、批评和质疑。你也不知道我打了多少通电话，发了多少封邮件，都是石沉大海。你不知道有多少人，甚至是我的支持者，都曾暗示我可能太过冒险，将自己置于危险的境地之中。事实上，我花了30年的时间准备和学习，试错和采取行动，所有这些都培养了我一种前所未有的纪律性。

训练和学习对培养坚持到底的习惯以及锻炼勇气、毅力、不按常理的思维方式，特别是养成良好的纪律性都至关重要。我不断提醒自己，对于梦想和目标而言，不存在什么合情合理，也无所谓可能或不可能。我想你也会认同，如果继续以平庸的思考和行动生活，是无法创造非凡成就的。

高瞻远瞩、大量行动、开疆拓土和勇于冒险对于你的生存和未来的发展而言都不可或缺。安于微末、默默无闻的人只能永远保持原有的现状。长此以往，在不久的将来，你很快就会被人遗忘、埋没，甚至没有人知道你曾经来过。全身心投入于10倍思考和10倍行动吧，成败就在于此。这无关乎智力、经济状况，甚至人脉，因为倘若没有大量行动，这些事情都将毫无意义。

我仍然有许多长期目标和设想尚未实现。我还没有完成节目的制作，还没有让 60 多亿人认识我，还有无数其他的理想尚待实现——有很多我甚至都还没有想到！然而，我非常肯定，自己正朝着正确的方向前进。我也知道，同时也想再次让你明白，这并不是因为我天赋异禀或异于常人，而仅仅是因为我采取了 10 倍思考和 10 倍行动。

让你的目标之火熊熊燃烧，让其他人别无选择，只能围坐在你的火堆旁啧啧称奇。你永远都无法搞清楚所有的答案，永远都不会有所谓完美的时机，也总是会遇到种种困难和障碍。不过，你始终可以信赖的是：始终如一、持之以恒地采取大量行动，然后通过更积极的第四级别行动向前进军，这是保证你实现成功梦想的不二法门。你要始终全力以赴地采取大量行动，让别人以前面三级不充分的行动方式行事，随他们浪费时间争破头去抢一些零零碎碎的边角料。

环顾四周，你会看到周围充斥着平庸的人、平庸的思维，还有平庸的行动（说"平庸"都是我嘴下留情了）。再仔细看看，这些人甘于平庸的背后，放弃了梦想，放弃了对人生目标的孜孜以求，他们甘愿"随大流"。当你选择学习榜样的时候，要找那些杰出人士，那些活出精彩、从芸芸众生中脱颖而出的人。不要担心他们有何不同或有什么过人之处。你只要关注他们是如何思考和行动的，以及如何效仿他们的思考和行动。成功不是可有可无的选项，只要你遵循正确的思考和行动，必然就能撷取成功的果实。因此，坚持履行自己的职责，让自己在这个世界上留下足迹——这样一来，当你结束你的使命之旅时，会因人生中远大的梦想和出色的行动而名垂青史。请记住：成功是你的责任、义务和职责，借助 10 倍思考和 10 倍行动，相信你将创造出更多意想不到的成功！

关于作者

格兰特·卡登是《纽约时报》畅销书作家和国际公认的销售培训专家，常在美国消费者新闻与商业频道、微软全国广播公司、福克斯新闻频道、福克斯商业频道中出镜，他也是《赫芬顿邮报》的撰稿人。琼·里弗斯最近在其节目《致富之道》中做了一期关于卡登及其家人的内容。

卡登先生拥有25年与全球各地企业合作的经验，为客户量身打造销售方案和系统，以优化销售流程和提升销售收入。他曾给美国、加拿大、巴西、加勒比海地区、奥地利、英格兰和澳大利亚等国家及地区的各大城市的观众做过演讲。其方法在商业领域被广泛运用，影响遍及爱尔兰、俄罗斯，甚至远至哈萨克斯坦。其著作被译为包括德文和中文在内的多种语言。他为汽车行业开发了一个虚拟的按需销售培训网站，目前他正着手发布一个针对个人及其他销售组织的网站。

观众们不远万里从世界各地赶来，参加他为期一天的现场研讨会。他的处女作《销售生存法则》跻身亚马逊自出版书籍的前1%，被认为是"21世纪最权威的销售著作"。一位读者说：《销售生存法则》是50年来销售领域首屈一指的创新！"还有一位读者说："这本书在我这些年来读过的一众关于销售主题的书当中脱颖而出。"他公开出版的第一本著作《勇争第一,不甘人后》最近荣登《纽约时报》畅销书排行榜。

卡登先生也在远离聚光灯的舞台,即现实的商场中证明了自己。他拥有三家成功的公司,这些公司都是他白手起家,凭借辛勤工作一步步建立起来的。

除了创业,卡登先生还积极投身大量慈善活动,并得到了美国参议院、国会、洛杉矶市市长等的认可。最近他被授予了拉吉夫·甘地奖(Rajiv Gandhi Award),此奖项是为了表彰他在促成印度与美国企业合作方面所做出的努力。此外,他还被授予了麦克尼斯州立学院(McNeese State College)的杰出校友奖,他曾在那里获得了会计学学位。